自然资源研究丛书

广西观赏植物图谱
灌木篇

冷光明　杨舒婷　石继清　主编

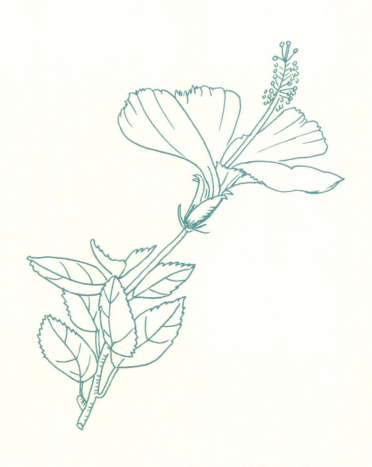

广西科学技术出版社

图书在版编目（CIP）数据

广西观赏植物图谱. 灌木篇 / 冷光明，杨舒婷，石继清主编.
—南宁：广西科学技术出版社，2024.5
ISBN 978-7-5551-1746-9

Ⅰ. ①广… Ⅱ. ①冷… ②杨… ③石… Ⅲ. ①灌木—
观赏植物—广西—图谱 Ⅳ. ① Q948.526.7-64

中国版本图书馆 CIP 数据核字（2021）第 271626 号

GUANGXI GUANSHANG ZHIWU TUPU GUANMU PIAN

广西观赏植物图谱 灌木篇

主 编 冷光明 杨舒婷 石继清

责任编辑：梁珂珂　　　　　　　　　装帧设计：梁 良
责任校对：冯 靖　　　　　　　　　　责任印制：陆 弟

出 版 人：梁 志　　　　　　　　　出版发行：广西科学技术出版社
社　　 址：广西南宁市东葛路 66 号　邮政编码：530023
网　　 址：http://www.gxkjs.com

经　　 销：全国各地新华书店
印　　 刷：广西民族印刷包装集团有限公司

开　　 本：889 mm×1240 mm　1/16
字　　 数：206 千字　　　　　　　　印 张：12.75
版　　 次：2024 年 5 月第 1 版　　　印 次：2024 年 5 月第 1 次印刷
书　　 号：ISBN 978-7-5551-1746-9
定　　 价：198.00 元

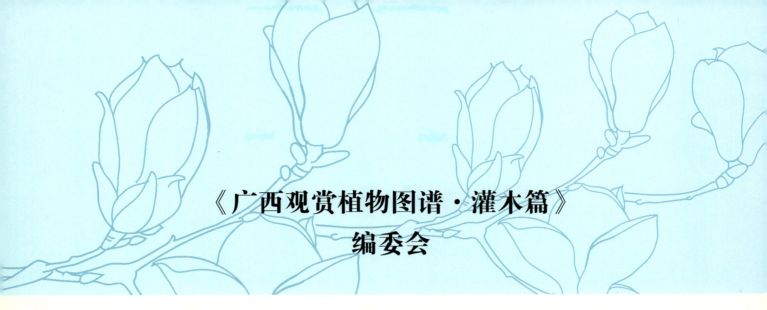

《广西观赏植物图谱·灌木篇》
编委会

主　编：冷光明　杨舒婷　石继清

副主编：罗小三　唐　庆　秦　波

编　委（按姓氏音序排列）：

陈宝玲[2]　陈　尔[2]　冷光明[1]　李　冰[2]　李进华[2]

林建勇[2]　林　茂[2]　刘雁玲[2]　罗小三[1]　马坚炜[2]

秦　波[2]　覃　杰[2]　石继清[2]　孙开道[2]　孙利娜[2]

唐　庆[2]　唐道冥[2]　汪小玉[2]　文　超[2]　吴国文[2]

杨开太[2]　杨舒婷[2]　叶明琴[3]　周　琼[3]

编委单位：1. 广西壮族自治区林业局

　　　　　2. 广西壮族自治区林业科学研究院

　　　　　3. 广西大学

前　言

广西地处南亚热带季风气候区，在太阳辐射、大气环流和地理环境的共同作用下，形成了气候温暖、雨热充沛、日照适中、冬短夏长的气候特点。得天独厚的自然资源和特殊的地理环境造就了广西丰富的生物多样性。文献资料记载，广西物种资源种类位居全国第三位，具有开发前景的观赏植物资源1400多种，素有"花卉宝库"之称。为进一步掌握广西观赏植物的种类、分布、生长状况等信息，挖掘新优和特色观赏植物资源，进一步加快推进广西花卉苗木产业发展，编写团队对广西各地的观赏植物进行资源调查和照片采集，并将结果汇编成册。本套书共三册，分别为乔木篇、灌木篇和草本篇，其中灌木篇介绍了53科178种植物。书中详细介绍各观赏植物，包括中文名、拉丁名、别名、形态特征、花果期、产地与分布、生态习性、繁殖方法、观赏特性与应用等，每个树种配多幅图片。

本书各科的排列，蕨类植物按秦仁昌1978年系统排列，裸子植物按郑万钧、傅立国1977年《中国植物志》（第七卷）的分类系统排列，被子植物按哈钦松系统排列。属、种按拉丁名字母顺序排列。书中植物的中文名、拉丁名、形态特征、生态习性、产地与分布的描述参考《中国植物志》《广西树木志》《广西植物名录》等。

本书的出版获广西壮族自治区林业局2018年自治区本级部门预算林业花卉产业示范补助项目"广西主要乡土观赏树种名录"的支持，编写过程中得到广西壮族自治区林业科学研究院梁瑞龙教授级高级工程师及林建勇高级工程师的无私帮助，在此对他们表示衷心感谢。

本书通过大量实物照片展示广西主要观赏植物，可为广西花卉苗木总体规划和布局、生产、园林应用提供依据和参考，也可为从事广西观赏植物资源研究的师生提供参考。受编者时间、精力等条件限制，书中遗漏或错误之处在所难免，敬请广大读者和专家批评指正并提出宝贵意见。

编　者

2023 年 12 月

目　录

桫椤科

桫椤 *Alsophila spinulosa* (Wall. ex Hook.) R. M. Tryon

科　　属：桫椤科桫椤属。

别　　名：蕨树、刺桫椤。

形态特征：常绿蕨类灌木或小乔木。茎挺直，高 5～6 m，胸径 10～20 cm。叶螺旋状排列；叶片纸质，较大，长矩圆形，三回羽状深裂；基部小羽片稍缩短，线状披针形；叶柄深禾秆色或微带棕色，具密刺，基部鳞片棕色，有光泽。孢子囊群近中肋着生；囊群盖圆形，薄膜质，外侧开裂，易破，熟时反折覆盖于主脉上。

产地与分布：分布于我国福建、广东、广西、海南、贵州、云南、四川、西藏、台湾等省（自治区）。在我国广西分布于百色、梧州等市，武鸣、容县、罗城、龙胜、浦北、金秀等县（区）及大苗山。尼泊尔、印度等国也有分布。

生态习性：喜阴，喜湿润，喜疏松土壤。生于海拔 400～900 m 的山沟古林中，也能在砂岩发育的酸性土上生长。

繁殖方法：以孢子繁殖为主，也可分株繁殖等。

观赏特性与应用：国家二级保护野生植物。枝叶繁茂，株形优美，具有较强的观赏性。常种于庭院、公园等。

苏铁科

叉叶苏铁 *Cycas bifida* (Dyer) K. D. Hill

科　　属： 苏铁科苏铁属。

别　　名： 叉叶凤尾。

形态特征： 树干圆柱形，直立，高 20 ~ 60 cm，胸径 4 ~ 5 cm，基部光滑，暗赤色。叶叉状，二回羽状深裂；羽状裂片条状披针形，边缘波状，幼时被白粉，有光泽，先端钝尖，基部不对称；叶柄粗壮，两侧具宽短尖刺。雄球花纺锤形至圆柱形。小孢子叶近匙形或宽楔形，光滑，黄色，边缘橘黄色，先端宽平，具急尖；大孢子叶幼时浅黄色，被白色茸毛，后深绿色，边缘具篦齿状裂片，裂片钻形，肥厚。种子卵形，熟后变黄。

花 果 期： 花期 5 ~ 6 月，果期 10 ~ 11 月。

产地与分布： 濒危种。产于广西崇左等市，分布于云南、广西等省（自治区）。

生态习性： 多生于石灰岩石地，也能在砂岩发育的酸性土上生长。

繁殖方法： 扦插繁殖、播种繁殖、分蘖繁殖。

观赏特性与应用： 枝叶繁茂，株形优美，具有较强的观赏性。常种于庭院、公园等。

苏铁 *Cycas revoluta* Thunb.

科　　属：苏铁科苏铁属。

别　　名：避火蕉、凤尾草、铁树、美叶苏铁。

形态特征：树干圆柱形，高约 2 m，稀达 8 m 以上，具明显螺旋状排列的菱形叶柄残痕。羽状叶片倒卵状狭披针形；羽状裂片 100 对以上，条形、厚革质、坚硬，向上斜展微成 V 形，边缘明显向下反卷，腹面中央微凹，凹槽内具稍隆起的中脉，背面中脉明显隆起，两侧疏被柔毛或无毛。雄球花圆柱形，具短梗。小孢子飞叶窄楔形，先端宽平，两角近圆形；大孢子叶上部的顶片卵形至长卵形，边缘羽状分裂，条状钻形，先端具刺状尖头，有胚珠生于大孢子叶柄的两侧，被茸毛。种子红褐色或橘红色，倒卵圆形或卵圆形，稍扁；种皮木质，两侧无沟，顶端具尖头。

花　果　期：花期 6~7 月，果期 10~11 月。

产地与分布：产于我国广西桂林市，广西各地有栽培。分布于我国福建、台湾、广东、广西等省（自治区）。日本、菲律宾和印度等国也有分布。

生态习性：喜暖热湿润气候，不耐寒。树龄 10 年以上的植株在南方热带及亚热带地区几乎每年开花结实，而长江流域及北方各地栽培植株的常终生不开花或偶尔开花结实。

繁殖方法：播种繁殖、扦插繁殖、分蘖繁殖。

观赏特性与应用：优美的观赏树，栽培极普遍。盆栽适用于美化客厅、宾馆大堂。

石山苏铁 *Cycas sexseminifera* F. N. Wei

科　　属：苏铁科苏铁属。

别　　名：少刺苏铁、神仙米。

形态特征：常绿灌木。树干矮小，通常为椭圆形或顶部突然缩小的锥形，高约 60 cm，胸径约 20 cm；树皮灰白色，基部近光滑。叶一回羽状；叶片长圆形，平坦；叶柄近圆柱形。雄球花卵状纺锤形。种子 2 ~ 4 粒，新鲜时淡黄色，干后褐色，倒卵形或近球形，顶部具短尖头；硬质种皮光滑。

花 果 期：花期 3 ~ 4 月，果期 8 ~ 10 月。

产地与分布：产于广西崇左市和武鸣、隆安、田阳、平果等县（区、市）。广东、广西、四川、云南等省（自治区）有分布。

生态习性：生于低海拔的石灰岩山地或石灰岩缝隙，呈团状或小片状分布。

繁殖方法：扦插繁殖、播种繁殖、分蘖繁殖。

观赏特性与应用：髓心淀粉可食，曾是救荒的粮食。茎如菠萝，是盆景的主要材料，观赏价值高。根、茎、叶、花、种子均可药用。

柏　科

金球桧 *Juniperus chinensis* **'Aureoglobosa'**

科　　属： 柏科刺柏属。

别　　名： 五彩柏。

形态特征： 矮小丛生灌木。树冠球形。小枝密生。叶多为鳞叶，间具刺叶；幼枝绿叶丛中杂有金黄色枝叶。

产地与分布： 广西南宁、桂林、柳州等市有栽培。

生态习性： 喜光，耐阴，不喜湿，耐修剪。喜排水良好的砂土。

繁殖方法： 扦插繁殖、嫁接繁殖、播种繁殖、压条繁殖等。

观赏特性与应用： 树冠近球形，绿色幼枝叶间有金黄色枝叶，常用作庭院绿化和室内景观树。

铺地柏 *Juniperus procumbens* (Endlicher) Siebold ex Miquel

科　　属：柏科刺柏属。

别　　名：矮桧、匍地柏。

形态特征：匍匐灌木，高可达 75 cm。枝条沿地面扩展，褐色，小枝密生，枝梢及小枝向上斜展。刺叶三叶交叉轮生；叶片条状披针形，先端渐尖成角质锐尖头，长 6～8 mm，腹面凹陷，具 2 条白色气孔带，气孔带常在上部汇合，绿色中脉仅下部明显，不达先端，背面蓝绿色，沿中脉具细纵槽。球果近球形，被白粉，熟时黑色，直径 8～9 mm，种子 2～3 粒。种子长约 4 mm，具棱脊。

花 果 期：花期 3～4 月，果期 10 月。

产地与分布：原产于日本。我国广西南宁、桂林、柳州等市有引种栽培。

生态习性：喜光，耐寒，适应性强，耐旱，不耐涝。喜在排水良好的砂壤土上生长。

繁殖方法：扦插繁殖、压条繁殖。

观赏特性与应用：株形优美，习性强健，常用于庭院绿化，群植于道路两旁等作地被植物。

洒金千头柏 *Platycladus orientalis* 'Aurea Nana'

科　　属：柏科侧柏属。

别　　名：金枝千头柏。

形态特征：丛生灌木或小乔木。无主干；枝密，上伸；树冠卵球形或球形。叶片绿色，鳞形，先端钝。球果卵形。

花　果　期：花期 3～4 月，果期 10 月。

产地与分布：栽培种。

生态习性：喜光，喜温暖湿润气候，耐旱，耐修剪。

繁殖方法：扦插繁殖、播种繁殖、压条繁殖、嫁接繁殖。

观赏特性与应用：株形紧凑，可作绿篱，配植于模纹花坛、花境等，也可盆栽于室内观赏。

木兰科

夜香木兰 *Lirianthe coco* (Loureiro) N. H. Xia & C. Y. Wu

科　　属：木兰科长喙木兰属。

别　　名：夜合、夜合花。

形态特征：常绿灌木，高 2～4 m。全株无毛。树皮灰色。小枝绿色，平滑，稍具棱角，有光泽。叶片革质，椭圆形，先端长渐尖，基部楔形，腹面深绿色，有光泽。花球形；花被片 9 枚，肉质，倒卵形，腹面凹陷，外轮 3 枚带绿色，具 5 条纵脉纹，内两轮纯白色；雄蕊长 4～6 mm，花药长约 3 mm，药隔伸出且具短尖头；花丝白色，长约 2 mm；雌蕊群绿色，卵形，长 1.5～2 cm；心皮狭卵形，背面具 1 条纵沟至花柱基部，柱头短，脱落后顶端平截。聚合蓇葖果。种子卵球形。

花 果 期：花期夏季，果期秋季。

产地与分布：产于我国广西南宁、柳州、桂林、梧州等市和合浦、东兴、桂平、容县、龙州等县（市）。分布于我国浙江、福建、台湾、广东、广西、云南等省（自治区）。现广泛栽植于亚洲东南部。越南也有分布。

生态习性：喜光，喜温暖湿润气候，不耐旱，较耐寒。

繁殖方法：以扦插繁殖为主，也可播种繁殖、嫁接繁殖、压条繁殖。

观赏特性与应用：枝叶深绿色，花朵纯白色，夜晚香气浓郁，为庭院观赏树。花可提制香精，亦可掺入茶叶内作熏香剂。根皮可药用，具有散瘀除湿的功效，用于治疗风湿跌打；花可药用，用于治疗淋浊带下。

紫花含笑 *Michelia crassipes* Y. W. Law

科　　属：木兰科含笑属。

形态特征：小乔木或灌木，高 2 ～ 5 m。树皮灰褐色。芽、嫩枝、叶柄、花梗均密被红褐色或黄褐色长茸毛。叶片革质，狭长圆形、倒卵形或狭倒卵形，先端长尾状渐尖或急尖，基部楔形或阔楔形，腹面深绿色，有光泽，无毛，背面淡绿色，脉上被长柔毛。花极芳香，紫红色或深紫色，具黄色斑点；花被片长椭圆形；雄蕊长约 1 cm，花药长约 6 mm，药隔伸出且具短急尖头；雌蕊群长约 8 mm，不超出雄蕊群，密被柔毛，雌蕊群柄长约 2 mm；心皮卵圆形，密被柔毛。聚合果具蓇葖 10 个以上；蓇葖扁卵球形或扁球形，具乳头状突起和残留毛；果梗粗短。

花 果 期：花期 4 ~ 5 月，果期 8 ~ 9 月。

产地与分布：产于广西融水、兴安等县和大桂山。湖南省也有分布。

生态习性：喜光，喜温暖湿润气候，不耐旱，较耐寒。喜微酸性土。

繁殖方法：以扦插繁殖为主，也可播种繁殖、嫁接繁殖、压条繁殖等。

观赏特性与应用：花香而色艳，是园林绿化优选树。花可提制香精。木材纹理直、结构密、材质软、有香味、耐腐蚀，可作小家具用材。枝、叶可药用，可活血化瘀，具有清热利尿等功效。

含笑花 *Michelia figo* (Lour.) Spreng.

科　　属： 木兰科含笑属。

别　　名： 香蕉花、含笑、含笑梅、山节子。

形态特征： 常绿灌木，高 2 ~ 3 m。树皮灰褐色。芽、嫩枝、叶柄、花梗均密被黄褐色茸毛。叶片革质，狭椭圆形或倒卵状椭圆形，先端钝短尖，基部楔形或阔楔形，腹面有光泽，无毛，背面中脉被褐色平伏毛；托叶痕长可达叶柄顶端。花直立，淡黄色，边缘有时红色或紫色。聚合果蓇葖卵球形或球形，顶端具短尖喙。

花 果 期： 花期 3 ~ 5 月，果期 7 ~ 8 月。

产地与分布： 原产于华南南部。在广西分布于南宁、柳州、桂林、梧州等市和金秀县。

生态习性： 喜弱阴，喜暖热、多湿的气候，耐 –13℃ 左右低温。喜排水良好、疏松、透气的酸性土，忌积水。

繁殖方法： 扦插繁殖、播种繁殖、嫁接繁殖、圈枝繁殖。

观赏特性与应用： 具浓郁的甜香，常修剪成球形。可丛植于公园、花园、庭院，也可配植于草坪边缘或疏林下。

樟　科

科　　属：樟科樟属。

别　　名：平安树。

形态特征：常绿乔木，常作灌木栽培，高约 15 m。叶、枝及树皮干时不具芳香气味。枝条及小枝褐色，圆柱形，无毛。叶对生或近对生；叶片卵圆形至长圆状卵圆形，先端锐尖，基部圆形，革质，腹面鲜时绿色，干时灰绿色，有光泽，背面近同色，晦暗，两面均无毛，离基三出脉；叶柄长约 1.5 cm，腹凹背凸，红褐色或褐色。花未见。果卵球形；果托杯状，边缘具短圆齿，无毛。

花 果 期：花期冬季，果期翌年 6～9 月。

产地与分布：产于台湾兰屿。广西各地有引种栽培。

生态习性：喜温暖、湿润、阳光充足的环境，喜光又耐阴，喜暖热、无霜雪、多雾之地，不耐旱、积水、严寒和干燥。

繁殖方法：播种繁殖、扦插繁殖、高压繁殖。

观赏特性与应用：独具清新香气，有叶色亮绿、株形美观、耐阴、易管理等优点，是优美的盆栽观叶植物，极适合摆放在住宅、酒店等场所。

小檗科

阔叶十大功劳 *Mahonia bealei* (Fort.) Carr.

科　　属: 小檗科十大功劳属。

别　　名: 大猫儿刺。

形态特征: 灌木或小乔木。叶片狭倒卵形至长圆形,具4～10对小叶;小叶厚革质,硬直,自叶下部往上渐次变长且狭;最下面的一对小叶卵形,基部阔楔形或圆形,偏斜,有时心形,边缘每边具2～6枚粗齿,先端具硬尖;顶生小叶较大。总状花序直立,通常3～9个簇生。浆果卵形,深蓝色,被白粉。

花 果 期: 花期9月至翌年1月,果期翌年3～5月。

产地与分布: 原产于浙江、安徽、江西、福建、湖南、湖北、陕西、河南、广东、广西、四川等省(自治区)。在广西分布于靖西、昭平、凤山等县(市)及桂北地区。

生态习性: 耐阴,喜温暖湿润气候。喜肥沃、排水良好的壤土。

繁殖方法: 播种繁殖、扦插繁殖、分株繁殖。

观赏特性与应用: 叶形奇特,典雅美观,花黄色。常种于庭院、林缘及草地边缘,还可盆栽。

十大功劳 *Mahonia fortunei* (Lindl.) Fedde

科　　属：小檗科十大功劳属。

别　　名：细叶十大功劳、刺黄柏、猫儿刺。

形态特征：灌木，高 0.5 ~ 4 m。叶片倒卵形至倒卵状披针形，具 2 ~ 5 对小叶；最下面的一对小叶外形与往上小叶相似；小叶无柄或近无柄，狭披针形至狭椭圆形。总状花序 4 ~ 10 个簇生，花黄色。浆果球形，紫黑色，被白粉。

花　果　期：花期 7 ~ 9 月，果期 9 ~ 11 月。

产地与分布：产于广西贺州市和马山、临桂、兴安、灌阳、阳朔、融水、罗城、隆林等县（区）。分布于四川、贵州、湖北、江西、浙江、广西等省（自治区）。

生态习性：耐阴，喜温暖湿润气候。喜肥沃、排水良好的壤土。

繁殖方法：播种繁殖、扦插繁殖、分株繁殖。

观赏特性与应用：叶形奇特，典雅美观，花黄色。常种于庭院、林缘及草地边缘，还可盆栽。

南天竹 *Nandina domestica* Thunb.

科　　属：小檗科南天竹属。

别　　名：蓝田竹、天竺。

形态特征：常绿小灌木，高约 3 m。茎常丛生而少分枝；幼枝常红色，老后灰色。叶互生，二回至三回羽状复叶；小叶薄革质，椭圆形或椭圆状披针形，冬季变红色。圆锥花序直立；花小，白色，芳香。浆果球形，直径 5～8 mm，熟时鲜红色，稀橙红色。种子扁球形。

花 果 期：花期 3～6 月，果期 5～11 月。

产地与分布：产于广西桂林、柳州、南宁等市和罗城、南丹、隆林等县。分布于广西、福建、浙江、山东、江苏、江西、安徽、湖南、湖北等省（自治区）。

生态习性：喜半阴，最好上午见光、下午有荫蔽，强光下叶色变红。喜温暖湿润气候。喜肥沃、排水良好的壤土，耐湿也耐旱，喜肥。

繁殖方法：播种繁殖、扦插繁殖、分株繁殖。

观赏特性与应用：枝叶扶疏，秋冬叶色变红，红果累累，经久不落，为赏叶观果佳品。常丛植于庭院房前、草地边缘、园路转角、水边、石景中。

千屈菜科

科　　属：千屈菜科萼距花属。

别　　名：细叶雪茄花、紫花满天星。

形态特征：多年生常绿小灌木，高 30～60 cm。茎直立，分枝多而细密。叶对生；叶片线状披针形，翠绿色。花单生于叶腋；花萼延伸为花冠形、高脚碟形，具 5 枚齿，齿间具退化的花瓣；花紫色或桃红色。花后结雪茄状小果。

花 果 期：花期全年。

产地与分布：原产于墨西哥、危地马拉。我国广西各地有引种栽培。

生态习性：喜温暖湿润气候，喜高温，喜光，耐半阴，不耐寒。喜肥沃、排水良好的砂壤土。

繁殖方法：扦插繁殖。

观赏特性与应用：枝繁叶茂，花姿清秀。适合片植于庭院、公园、园林绿地的路边、坡地或池畔等，也可盆栽于阳台、窗台作点缀。

紫薇 *Lagerstroemia indica* **L.**

科　　属：千屈菜科紫薇属。

别　　名：千日红、无皮树、百日红、痒痒树。

形态特征：落叶灌木或小乔木，高 3～6 m。树皮光滑，灰色或灰褐色。小枝具 4 条棱，略成翅状。叶互生或有时对生；叶片纸质，椭圆形、宽长圆形或倒卵形。花淡红色、紫色或白色，常组成顶生圆锥花序；花瓣 6 片，皱缩，具长爪。蒴果椭圆状球形或宽椭球形，幼时绿色至黄色，熟时或干后紫黑色。

花 果 期：花期 6～9 月，果期 9～12 月。

产地与分布：原产于亚洲。我国广西各地有栽培。

生态习性：喜阳。喜肥沃、湿润的土壤，耐旱，在钙质土和酸性土上都生长良好。

繁殖方法：播种繁殖、扦插繁殖、压条繁殖、分株繁殖、嫁接繁殖。

观赏特性与应用：花鲜艳美丽，花期长。可作庭院观赏树，亦可作盆景。

虾子花 *Woodfordia fruticosa* (L.) Kurz

科　　属：千屈菜科虾子花属。

别　　名：虾仔花、吴福花。

形态特征：灌木，高3~5m。幼枝被柔毛。叶对生；叶片近革质，披针形或卵状披针形，腹面无毛，背面被灰白色短柔毛且具黑色腺点。1~15朵花组成短聚伞圆锥花序。蒴果膜质，线状长椭圆形，开裂成2个果瓣。种子甚小，卵形或圆锥形，红棕色。

花 果 期：花期3~4月。

产地与分布：原产于广东、广西、云南等省（自治区）。在广西分布于凌云、隆林、天峨、东兰等县。

生态习性：喜光，喜肥沃、排水良好的砂壤土，亦耐干旱、瘠薄。

繁殖方法：播种繁殖、扦插繁殖、压条繁殖、组织培养。

观赏特性与应用：姿态优美，花色艳丽，适宜种于庭院、公园、花坛、水滨等处。

石榴科

石榴 *Punica granatum* L.

科　　属：石榴科石榴属。

别　　名：若榴木、丹若、山力叶、安石榴、花石榴。

形态特征：落叶灌木或乔木，高 3～5 m，稀可达 10 m。枝顶常成尖锐长刺；幼枝具棱角，无毛；老枝近圆柱形。叶通常对生；叶片长圆状披针形，腹面有光泽。花大，1～5 朵生于枝顶或腋生；花瓣与萼裂片同数，红色、黄色或白色。浆果近球形，通常淡黄褐色或淡黄绿色。种子多数，钝角形，肉质外种皮淡红色至乳白色。

花 果 期：花期 5～6 月，果期 9～10 月。

产地与分布：原产于巴尔干半岛至伊朗及其邻近地区。在我国广西分布于南宁、桂林、梧州、百色等市。

生态习性：喜温暖、向阳的环境。耐旱，耐寒，耐瘠薄。不耐涝和荫蔽。对土壤要求不高，但以排水良好的夹砂土为宜。

繁殖方法：扦插繁殖、压条繁殖。

观赏特性与应用：叶翠绿，花大而鲜艳，宜作盆景。

柳叶菜科

倒挂金钟 *Fuchsia hybrida* **Hort. ex Sieb. et Voss.**

科　　属：柳叶菜科倒挂金钟属。

别　　名：吊钟海棠、灯笼花。

形态特征：半灌木。茎直立，幼枝带红色。叶对生；叶片卵形或狭卵形，先端渐尖，基部浅心形或钝圆，边缘具远离的浅齿或齿突。花两性，下垂；花梗纤细，淡绿色或带红色；花管红色；萼片红色，开花时反折；花瓣色多变，有紫红色、红色、粉红色、白色。果紫红色，倒卵状长圆形。

花 果 期：花期4~7月。

产地与分布：原产于墨西哥、秘鲁等。我国广西各地有分布。

生态习性：喜凉爽、湿润、半阴的环境。忌高温和强光，忌酷暑闷热及雨淋日晒，冬季温度不低于5℃。以肥沃、疏松的微酸性壤土为宜。

繁殖方法：扦插繁殖、组织培养。

观赏特性与应用：花形奇特，极为雅致。盆栽用于装饰阳台、窗台、书房等，也可吊挂于防盗网、廊架等处观赏。

瑞香科

瑞香 *Daphne odora* Thunb.

科　　属：瑞香科瑞香属。

别　　名：夺皮香、蓬莱紫、沈丁花、瑞兰。

形态特征：常绿直立灌木。枝粗壮，常二歧分枝；小枝无毛，紫红色或紫褐色。叶互生；叶片纸质，长卵形或长圆形，边缘全缘，两面均无毛。头状花序顶生，多花；花外面淡紫红色，内面肉红色。果红色。

花 果 期：花期3~5月，果期7~8月。

产地与分布：原产于我国长江以南地区。广西桂林市和凌云、隆林等县有栽培。

生态习性：喜阴，忌阳光暴晒。喜肥沃、湿润而排水良好的微酸性土。

繁殖方法：压条繁殖、扦插繁殖、嫁接繁殖、播种繁殖。

观赏特性与应用：早春开花，花芳香，叶常绿，为著名传统芳香花木。适合配植于建筑、假山、岩石的阴面及林地、树丛的前缘，也作盆栽观赏。

海桐科

台琼海桐 *Pittosporum pentandrum var. formosanum* (Hayata) Z. Y. Zhang & Turland

科　　属：海桐科海桐属。

别　　名：台湾海桐、台湾海桐花。

形态特征：常绿灌木或小乔木，株高可达 12 m。嫩枝被锈色柔毛。嫩叶两面均被柔毛，后毛脱落；叶簇生于枝顶，成假轮生状；叶片革质，倒卵形。圆锥花序顶生，密被锈褐色柔毛；花淡黄色，芳香；萼片分离或基部稍连合。蒴果扁球形，无毛。种子 10 ~ 16 粒，不规则多角形。

花　果　期：花期 5 ~ 10 月，果期 12 月至翌年 2 月。

产地与分布：产于我国广西龙州、宁明、合浦等县。分布于我国台湾、海南、广东、广西等省（自治区）。越南也有分布。

生态习性：喜高温、多湿的环境，不耐寒。喜光，耐半阴。

繁殖方法：播种繁殖。

观赏特性与应用：可孤植、丛植于庭院观赏，亦可列植作园路的行道树。

海桐 *Pittosporum tobira* (Thunb.) Ait.

科　　属：海桐科海桐属。

别　　名：海桐花、山瑞香。

形态特征：常绿灌木或小乔木。幼枝被柔毛，具皮孔。单叶互生或聚生于枝顶；叶片革质，倒卵形或倒卵状披针形，初期两面均被柔毛，后脱落无毛。伞形或伞房花序顶生，密被褐色柔毛；花白色，芳香，后黄色；花瓣倒披针形，离生。果球形，具棱或三角状。种子多数，红色。

花 果 期：花期 5~6 月，果期 9~10 月。

产地与分布：原产于我国长江以南的滨海地区。广西各地有栽培。

生态习性：耐阴，喜温暖、湿润气候。喜酸性土或中性土。

繁殖方法：播种繁殖、扦插繁殖。

观赏特性与应用：株形紧凑，叶色亮绿，四季常青。可孤植、对植、列植或丛植于花坛、花境、路缘、林缘等处，也可作绿篱、庭院观赏树及造型树。

红木科

红木 *Bixa orellana* L.

科　　属：红木科红木属。

别　　名：胭脂树。

形态特征：常绿灌木或小乔木，高 3 ~ 7 m。幼枝密被红棕色短腺毛，具明显早落的托叶痕。叶片卵形，长 8 ~ 20 cm，宽 5 ~ 13 cm，先端长渐尖，基部阔心形或截形，背面密被树脂状小腺点。花直径 4 ~ 5 cm，粉红色；萼片卵圆形；花瓣长圆状倒卵形。蒴果卵形或近球形，长 2.5 ~ 4.0 cm，密被长而柔软的刺，2 裂。

花 果 期：花期夏秋季，果期秋冬季。

产地与分布：原产于美洲热带地区。我国广西南宁、崇左、钦州、柳州、梧州等市有栽培。

生态习性：喜暖热气候和肥沃土壤，不耐霜冻。

繁殖方法：播种繁殖。

观赏特性与应用：叶色翠绿，花色淡雅，果实红艳。可丛植、孤植或列植于庭院、公园、办公场所、路边等处观赏。外种皮可用于制作染料，树皮可用于制作绳索。

仙人掌科

仙人掌 *Opuntia dillenii* (Ker Gawl.) Haw.

科　　属： 仙人掌科仙人掌属。

别　　名： 霸王树、观音刺、玉芙蓉。

形态特征： 丛生肉质灌木，高1～3 m。上部的分枝宽倒卵形、倒卵状椭圆形或近圆形，厚1.2～2 cm，先端圆形，边缘通常不规则波状，基部楔形或渐狭，绿色至蓝绿色，无毛；小窠疏生，直径0.2～0.9 cm，明显突出，后刺常增粗并增多。花辐状，瓣状花被片倒卵形或匙状倒卵形，黄色；花丝淡黄色，柱头5裂，黄白色。浆果倒卵球形，顶端凹陷，紫红色。

花 果 期： 花期6～10月。

产地与分布： 原产于墨西哥东海岸、美国南部及东南部沿海地区。我国广西各地有栽培，在桂南地区逸为野生。

生态习性： 喜阳光充足、温暖的环境。耐干旱，耐瘠薄，不耐严寒和潮湿。宜种植于微碱性砂土上。

繁殖方法： 分株繁殖、扦插繁殖、嫁接繁殖、播种繁殖。

观赏特性与应用： 具奇特的肉质茎，富有热带风情。常种植于庭院、专类园等处，也可作刺篱。

山茶科

科　　属：山茶科山茶属。

别　　名：四季抱茎茶。

形态特征：常绿小乔木或灌木，高可达 6 m。嫩枝无毛，紫褐色。单叶互生；叶片革质，椭圆形或长椭圆形，基部心形抱茎，边缘齿状。花单生或簇生于枝顶或叶腋；花梗粗壮，无毛；花蕾球形；花瓣厚，红色，10～15 片；雄蕊金黄色。果椭球形，初期绿色，熟时褐色。

花 果 期：花期夏季至秋季，甚至全年，果期秋冬季。

产地与分布：原产于越南北部与我国云南接壤地区。我国广西有引种栽培。

生态习性：幼苗需一定遮阴。不耐寒，耐霜冻，耐阴，但不耐夏季强光。忌水淹。在排水良好的酸性砖红壤上生长良好。

繁殖方法：播种繁殖、嫁接繁殖、扦插繁殖。

观赏特性与应用：花大且饱满，花期长，观叶、观花均可。常种植于绿地、花坛、绿带中，与其他植物组合应用。

杜鹃叶山茶 *Camellia azalea* C. F. Wei

科　　属：山茶科山茶属。

别　　名：杜鹃红山茶。

形态特征：常绿灌木或小乔木，高 1～2.5 m，最高可达 5 m。树体矮冠状。嫩枝红色，无毛；老枝灰色。叶片革质，倒卵状长圆形。花深红色，单生于枝顶叶腋；苞片与萼片 8～9 枚，倒卵圆形；花瓣 5～6 片，长倒卵形。蒴果短纺锤形，具半宿存萼片。

花 果 期：四季有花，7 月至翌年 2 月为盛花期。

产地与分布：最初于广东阳春市被发现，现广西各地有引种栽培。

生态习性：喜阴，喜温暖、湿润气候，稍耐寒。喜土层深厚、肥沃、富含腐殖质的酸性土。

繁殖方法：播种繁殖、扦插繁殖、嫁接繁殖。

观赏特性与应用：株形整齐，花大色艳，花期长。常盆栽于庭院、阳台等处，亦可种植于林缘、草坪等处与其他植物组合配植。

山茶 *Camellia japonica* L.

科　　属：山茶科山茶属。

别　　名：洋茶、茶花、晚山茶、耐冬、山椿、薮春、曼陀罗、野山茶。

形态特征：灌木或小乔木，高约 9 m。嫩枝无毛。叶片革质，椭圆形，腹面深绿色，干后有光泽，背面浅绿色，两面均无毛。花顶生，无柄；苞片及萼片约 10 枚；花瓣 6～7 片，外侧 2 片近圆形，几乎离生，无毛；雄蕊 3 轮，无毛，内轮雄蕊离生，稍短；子房无毛，花柱顶端 3 裂。蒴果球形。

花 果 期：花期 12 月至翌年 3 月，果期翌年 8～9 月。

产地与分布：原产于四川、台湾、山东、江西等省，广西各地广泛栽培。

生态习性：喜温暖、湿润和半阴的环境，忌强光，不耐高温，最适生长温度为 18～25℃，成年植株需较多光照以利于形成花芽和开花。在土层深厚、疏松、排水性好、微酸性的壤土或腐叶土上生长较好。

繁殖方法：扦插繁殖、播种繁殖、嫁接繁殖、压条繁殖。

观赏特性与应用：品种繁多，株形圆整，花色、花型丰富。常作盆栽或种植于园路边、林缘、茶花专类园等处。

金花茶 *Camellia petelotii* (merrill) Sealy

科　　属：山茶科山茶属。

别　　名：中东金花茶。

形态特征：灌木，高 2～3 m。嫩枝无毛。叶片革质，长圆形、披针形或倒披针形，两面均无毛，腹面深绿色，有光泽，背面浅绿色，具黑色腺点，边缘具细齿。花黄色，单朵腋生；苞片 5 枚，散生，阔卵形；萼片 5 枚，卵圆形至圆形，基部略连生；花瓣 8～12 片，近圆形，基部略连生；雄蕊排成 4 轮，无毛；子房无毛，3～4 室。蒴果扁三角球形。

花　果　期：花期 11～12 月，果期 10～12 月。

产地与分布：最早于广西防城港市被发现，现广西各地有栽培。

生态习性：喜温暖、湿润气候，苗期喜阴，进入花期后，喜透射光。喜肥，耐涝，对土壤要求不高，在排水良好的酸性土上生长较好。

繁殖方法：扦插繁殖、播种繁殖、嫁接繁殖。

观赏特性与应用：花晶莹油润，花瓣蜡质，肥厚，色泽金黄，耀眼夺目，观赏价值较高。可盆栽观赏，也可种植于林下、林缘等处。

多齿红山茶 *Camellia polyodonta* How ex Hu

科　　属：山茶科山茶属。

别　　名：宛田红花油茶。

形态特征：常绿灌木或小乔木。嫩枝无毛。叶片厚革质，椭圆形或长圆形，长 8.0 ~ 12.5 cm，宽 3.5 ~ 6.0 cm，先端尾尖，基部圆形，边缘密生锐利细齿；叶柄长 8 ~ 10 mm，无毛。花紫红色，顶生或腋生，直径 7 ~ 10 cm，无柄；雄蕊多轮，外轮花丝连生，与离生花丝均被柔毛。蒴果球形，直径 5 ~ 8 cm，被褐色毛。

花　果　期：花期 1 ~ 2 月，果期 9 ~ 10 月。

产地与分布：产于广西临桂、全州、兴安、龙胜、荔浦、融水、金秀等县（区、市）。分布于湖南、广西。

生态习性：喜温暖、多湿气候，耐寒。喜肥沃且排水良好的酸性或微酸性土。

繁殖方法：播种繁殖、扦插繁殖、嫁接繁殖、压条繁殖、组织培养。

观赏特性与应用：花色艳丽。可种植于庭院观赏。

茶梅 *Camellia sasanqua* Thunb.

科　　属: 山茶科山茶属。

别　　名: 茶梅花。

形态特征: 常绿灌木或小乔木。嫩枝被毛。叶片革质，椭圆形，先端短尖，基部楔形，有时略圆，腹面干后深绿色，有光泽，背面褐绿色，无毛，网脉不明显，边缘具细齿；叶柄稍被残毛。花大小不一，直径 4 ~ 7 cm；苞片及萼片 6 ~ 7 枚，被柔毛；花瓣 6 ~ 7 片，阔倒卵形，近离生；雄蕊离生；子房被茸毛。蒴果球形。

花　果　期: 花期 11 月初至翌年 3 月。

产地与分布: 原产于日本。我国广西各地有引种栽培。

生态习性: 喜温暖、湿润气候。忌强光，耐半阴，不耐涝。适生于排水良好、富含腐殖质、湿润的微酸性土上。

繁殖方法: 扦插繁殖、播种繁殖、嫁接繁殖。

观赏特性与应用: 株形娇小，分枝低，花似梅，易修剪造型。是庭院、阳台、酒店等处理想的盆栽花卉，也可作花坛、花境、绿篱等的配植材料。

南山茶 *Camellia semiserrata* Chi

科　　属：山茶科山茶属。

别　　名：广宁油茶、红花油茶

形态特征：常绿灌木或小乔木。嫩枝无毛。叶片革质，椭圆形，长 9～15 cm，宽 3～6 cm，先端急尖，基部宽楔形，两面均无毛；叶柄长 1.0～1.7 cm。花红色，顶生，无柄，直径 7～9 cm；花瓣 6～7 片，倒宽卵形，长 4～5 cm，基部 7～8 mm 连生。蒴果卵球形，直径 7～10 cm，3～5 室，每室具 1～3 粒种子。

花 果 期：花期 12 月至翌年 2 月，果期翌年 10～12 月。

产地与分布：产于广西苍梧、藤县、防城、上思等县（区）。分布于广东、广西。

生态习性：喜温暖、湿润气候，喜光，耐半阴。喜疏松、肥沃、湿润和排水良好的酸性壤土，不耐盐碱。

繁殖方法：播种繁殖、高压繁殖。

观赏特性与应用：树姿健壮，四季浓绿，花艳果硕，是早春观花、入秋赏果的优良园林树。可孤植、丛植作行道树或种植于庭院观赏，也可作防火树。种子可榨油。

米碎花 *Eurya chinensis* R. Br.

科　　属：山茶科柃属。

别　　名：虾辣眼、米碎仔、矮茶。

形态特征：灌木，高 1～3 m。多分枝；茎皮灰褐色或褐色，平滑；嫩枝具 2 条棱，黄绿色或黄褐色，被短柔毛；小枝梢具 2 条棱，灰褐色或浅褐色，几乎无毛。叶片薄革质，倒卵形或倒卵状椭圆形。花 1～4 朵簇生于叶腋，无毛；雄花小苞片 2 枚，细小，无毛；萼片 5 枚，卵圆形或卵形；花瓣 5 片，白色，倒卵形，无毛；雄蕊约 15 枚，花药不具分格，退化子房无毛。果球形，有时卵球形，熟时紫黑色。

花 果 期：花期 11～12 月，果期翌年 6～7 月。

产地与分布：广泛分布于江西、福建、台湾、广东、广西等省（自治区），在广西主要分布于南宁、桂林、柳州、梧州、钦州等市和上思、平南等县。

生态习性：喜温暖、阴湿的环境。适生于酸性土中。

繁殖方法：扦插繁殖、播种繁殖、嫁接繁殖。

观赏特性与应用：四季常青，枝叶浓密，萌蘖能力强，耐修剪。可作绿篱，亦可种植于建筑物周围或草坪、水景等边缘。

厚皮香 *Ternstroemia gymnanthera* (Wight et Arn.) Beddome

科　　属：山茶科厚皮香属。

别　　名：红柴。

形态特征：灌木或小乔木，高 1.5~10 m，有时可达 15 m。全株无毛。树皮灰褐色，平滑。嫩枝浅红褐色或灰褐色，小枝灰褐色。叶通常聚生于枝顶，假轮生状；叶片革质或薄革质，椭圆形、椭圆状倒卵形至长圆状倒卵形。花两性或单性，通常生于当年生无叶的小枝上或生于叶腋；花梗长约 1 cm，稍粗壮；两性花的小苞片 2 枚，三角形或三角状卵形；萼片 5 枚，卵圆形或长卵圆形，无毛；花瓣 5 片，淡黄白色，倒卵形，常微凹；雄蕊约 50 枚，长短不一。果球形，熟时肉质。假种皮红色。

花　果　期：花期 5~7 月，果期 8~10 月。

产地与分布：广泛分布于安徽、浙江、江西、福建、湖北、湖南、广东、广西等省（自治区），在广西主要分布于龙胜、罗城、临桂、环江、象州、金秀、上林等县（区）及大苗山。

繁殖方法：播种繁殖、扦插繁殖、嫁接繁殖。

生态习性：喜温暖、凉爽气候，较耐寒。苗期需要阴凉条件。适生于排水良好、肥沃、疏松的微酸性土上。

观赏特性与应用：树冠浑圆、叶厚光亮、姿态优美，冬季部分叶片由绿转红，远看似红花满枝。适宜配植于庭院、道路转角、草坪边缘、林缘等。

桃金娘科

红果仔 *Eugenia uniflora* L.

科　　属：桃金娘科番樱桃属。

别　　名：番樱桃、棱果蒲桃、毕当茄、巴西红果。

形态特征：灌木或小乔木，高可达 5 m。枝条纤细，稍下垂。叶对生；叶片卵形或卵状披针形，先端渐尖，尖头钝，基部圆形或微心形，腹面绿色，有光泽，背面色淡，两面均具腺点。花白色，芳香，单生或数朵呈聚伞状生于叶腋。浆果球形，下垂，具 3～8 条棱。

花 果 期：春季至秋季不断开花结果。

产地与分布：原产于巴西。我国有引种栽培，广西各地有栽培。

生态习性：喜光，喜温暖、湿润气候。耐半阴、不耐旱，不耐寒。适宜在富含腐殖质、疏松、肥沃、透气性良好的微酸性砂土上生长。

繁殖方法：播种繁殖、扦插繁殖、压条繁殖。

观赏特性与应用：株形优美，叶色浓绿，四季常青，果形奇特，色泽美观。适宜盆栽或种植于庭院。

松红梅 *Leptospermum scoparium J. R. Forst. et G. Forst.*

科　　属: 桃金娘科鱼柳梅属。

别　　名: 澳洲茶树、鱼柳梅。

形态特征: 常绿小灌木,高约 2 m。枝条红褐色,新梢常被茸毛。叶互生;叶片线形或线状披针形。花有单瓣、重瓣之分,有红色、粉红色、桃红色、白色等多种颜色。蒴果革质,熟时顶端裂开。

花 果 期: 花期 2～9 月。

产地与分布: 原产于澳大利亚和新西兰。我国华南南部有栽培。

生态习性: 喜凉爽、湿润、阳光充足的环境,不耐寒。对土壤要求不高,在富含腐殖质、疏松、肥沃、排水良好的微酸性土上生长最好。

繁殖方法: 扦插繁殖、压条繁殖、播种繁殖。

观赏特性与应用: 花色丰富,花形多样,花期长。可盆栽、点植或丛植,还可用作庭院灌木、切花花材。

桃金娘 *Rhodomyrtus tomentosa* (Ait.) Hassk.

科　　属: 桃金娘科桃金娘属。

别　　名: 岗棯、山棯、稔子树。

形态特征: 灌木,高可达 2 m。幼枝密被柔毛。叶对生;叶片椭圆形或倒卵形,腹面无毛或仅幼时被毛,背面被灰白色茸毛。花具长梗,常单生,紫红色;花瓣 5 片,倒卵形。浆果卵状壶形,熟时紫黑色。种子每室 2 列。

花 果 期: 花期 4~5 月,果期 7~9 月。

产地与分布: 广西各地有分布。福建、广东、贵州、湖南、江西、云南、浙江、台湾也有分布。

生态习性: 喜光,喜高温、高湿气候,不耐寒。喜酸性土。

繁殖方法: 播种繁殖、扦插繁殖。

观赏特性与应用: 株形紧凑,四季常青,花先白后红,红白相映,十分艳丽,花期较长,果色鲜红转为酱红,花果均可观赏。可丛植、片植或孤植点缀绿地。

钟花蒲桃 *Syzygium myrtifolium* Walp

科　　属：桃金娘科蒲桃属。

别　　名：红车。

形态特征：灌木或乔木。灌木状植株一般高 1 ~ 5 m，乔木状植株高 15 ~ 30 m。叶片椭圆形至披针形，长 3 ~ 8 cm，宽约 2.5 cm；幼叶微红，先变红棕色，再变绿色。圆锥花序多花；花白色，花丝细长，花瓣连成钟形。果球形，直径 5 ~ 7 mm。

花　果　期：花期 4 ~ 5 月。

产地与分布：原产于亚洲热带地区。我国广西各地广泛栽培。

生态习性：较耐高温，耐修剪，适应性强。

繁殖方法：播种繁殖、扦插繁殖。

观赏特性与应用：株形丰满茂密，新叶一年四季都能保持艳红色或橙红色。可列植作行道树或种植于庭院、公园等处观赏，也可作植物造型材料。

野牡丹科

地菍 *Melastoma dodecandrum* Lour.

科　　属：野牡丹科野牡丹属。

别　　名：地稔、乌地梨、铺地锦、埔淡。

形态特征：匍匐小灌木，长 10 ~ 30 cm。茎匍匐上升，逐节生根；分枝多，披散；幼时被糙伏毛，后脱落无毛。叶片坚纸质，卵形或椭圆形，先端急尖，基部广楔形，边缘全缘或具密浅细齿。聚伞花序顶生，具 1 ~ 3 朵花；花瓣淡紫红色至紫红色，菱状倒卵形，上部略偏斜。果坛状球形，平截，近顶端略缢缩，肉质，不开裂。

花　果　期：花期 5 ~ 7 月，果期 7 ~ 9 月。

产地与分布：产于广西各地。分布于贵州、福建、广东、广西、湖南、江西、浙江。

生态习性：耐寒，耐旱，耐瘠薄。喜酸性土。

繁殖方法：播种繁殖、扦插繁殖。

观赏特性与应用：叶片浓密，贴伏地表，是良好的地被植物。花果可观赏。果可食用，亦可酿酒。全株可药用。

野牡丹 *Melastoma malabathricum* **Linnaeus**

科　　属：野牡丹科野牡丹属。

别　　名：爆牙狼、稔坭木。

形态特征：常绿灌木。茎钝四棱形或近圆柱形，密被紧贴的鳞片状糙伏毛。叶片坚纸质，披针形或广卵形，先端急尖，基部浅心形或近圆形，边缘全缘，两面均被糙伏毛及短柔毛，基出脉 7 条。伞房花序生于分枝顶端，花瓣玫红色或粉红色。蒴果坛状球形，与宿存萼贴生，密被鳞片状糙伏毛。种子镶于肉质胎座内。

花 果 期：花期 5~7 月，果期 10~12 月。

产地与分布：原产于云南、广西、广东、福建、台湾等省（自治区）。广西各地有分布。

生态习性：喜温暖、湿润气候。喜光，耐半阴。稍耐旱。耐贫瘠。喜疏松、富含腐殖质的土壤。

繁殖方法：扦插繁殖、播种繁殖。

观赏特性与应用：花色丰富，花大色艳，花期长。可列植、丛植、片植于园林绿地。全株可药用，具有解毒消肿、收敛止血的功效。

巴西野牡丹 *Tibouchina semidecandra* (Mart. et Schrank ex DC.) Cogn.

科　　属：野牡丹科蒂牡花属。

别　　名：紫花野牡丹。

形态特征：常绿小灌木，高 0.5～1.5 m。枝条红褐色。叶对生；叶片椭圆形至披针形，两面均被细茸毛，边缘全缘。花顶生，5 瓣，深蓝紫色；花萼 5 枚，红色，被茸毛。蒴果杯状球形。

花　果　期：花期几乎全年，极少结实。

产地与分布：原产于巴西。我国广西南部有分布。

生态习性：喜阳光充足、温暖、湿润的环境。耐半阴。对土壤要求不高，喜微酸性土。

繁殖方法：扦插繁殖。

观赏特性与应用：花紫色，多且密，花期长，是优良的观花植物。可列植、丛植、片植于园林绿地。

金丝桃科

金丝梅 *Hypericum patulum* Thunb. ex Murray

科　　属： 金丝桃科金丝桃属。

别　　名： 大叶黄、大田边黄。

形态特征： 灌木，高 0.3 ~ 3 m，丛状。具张开的枝条，茎淡红色至橙色。叶具柄；叶片披针形或长圆状披针形至卵形或长圆状卵形，边缘平坦，不增厚，坚纸质，腹面绿色，背面苍白色。花序具 1 ~ 15 朵花；花直径 2.5 ~ 4 cm；花蕾宽卵球形，先端钝；萼片离生，在花蕾期及果期直立，宽卵形、宽椭圆形、近圆形至长圆状椭圆形或倒卵状匙形，近等大或不等大；花瓣金黄色，无红晕，多少内弯，长圆状倒卵形至宽倒卵形；雄蕊 5 束，每束具雄蕊 50 ~ 70 枚，花药亮黄色。蒴果宽卵球形。

花 果 期： 花期 6 ~ 7 月，果期 8 ~ 10 月。

产地与分布： 产于陕西、江苏、安徽、浙江、江西、福建、台湾、湖北、湖南、广西、四川、贵州等省（自治区）。在广西分布于那坡、凌云、乐业、田林、西林、隆林等县。

繁殖方法： 分株繁殖、扦插繁殖、播种繁殖。

生态习性： 中等喜光，有一定耐寒性。喜湿润土壤，忌积水，在轻壤土上生长良好。

观赏特性与应用： 花金黄色，大而美，枝叶丰满。常种植于庭院、街道、草坪、花径等处观赏，亦可作盆栽和切花。根药用，具有舒筋活血、催乳利尿的功效。

椴树科

扁担杆 *Grewia biloba* G. Don

科　　属：椴树科扁担杆属。

别　　名：孩儿拳头、扁担木。

形态特征：落叶灌木或小乔木，高 1～4 m。多分枝，嫩枝被粗毛。叶片薄革质，椭圆形或倒卵状椭圆形，先端锐尖，基部楔形或钝，两面均被稀疏星状粗毛，边缘具细齿；叶柄长，被粗毛；托叶钻形。聚伞花序腋生，多花，花序梗长不到 1 cm；花梗长 3～6 mm；苞片钻形，长 3～5 mm；花瓣长 1～1.5 mm；雌蕊柄长约 0.5 mm，被毛；雄蕊长约 2 mm；子房被毛，花柱与萼片平齐，柱头扩大，盘状，浅裂。核果红色，具 2～4 粒分核。

花　果　期：花期 5～7 月。

产地与分布：产于广西、广东、江西、湖南、浙江、台湾、安徽、四川等省（自治区）。广西西北部、北部有分布。

繁殖方法：播种繁殖、分株繁殖、扦插繁殖。

生态习性：喜温暖、湿润气候，喜光，有一定耐寒性。适生于疏松、肥沃、排水良好的土上，也耐干旱、瘠薄。

观赏特性与应用：果实橙红鲜艳，可宿存枝头数月，是良好的观果树。适合丛植及片植于庭院、公园、生活小区等，也可作疏林下木。

锦葵科

美丽苘麻 *Abutilon hybridum* Voss.

科　　属：锦葵科苘麻属。

别　　名：观赏苘麻、风铃花、宫灯花、吊灯花、树锦。

形态特征：常绿小灌木，高可达 1 m。叶互生；叶片基部心形，叶脉掌状。花顶生或腋生，单生或排列成圆锥花序；小苞片缺失；花萼钟形，裂片 5 枚；花冠钟形、轮形，很少管形；花瓣 5 片，基部连合，与雄蕊柱合生；雄蕊柱顶端具多数花丝。蒴果近球形，陀螺形、磨盘形或灯笼形。

花　果　期：花期 5～10 月。

产地与分布：原产于南美洲的巴西、乌拉圭等国。我国广西有引种栽培。

繁殖方法：扦插繁殖。

生态习性：喜温暖、湿润气候，不耐寒，喜光。宜在肥沃、湿润、排水良好的砂壤土上生长。

观赏特性与应用：花大似风铃，花瓣有细网纹，花期长。可盆栽观赏，亦可用于布置花丛、花境等。

红萼苘麻 *Abutilon megapotamicum* (Spreng.) A. St.-Hil. & Naudin

科　　属：锦葵科苘麻属。

别　　名：蔓性风铃花、垂枝风铃花。

形态特征：常绿蔓性灌木，株高可达 1 m。叶互生；叶片心形，先端尖，边缘具钝齿，有时分裂，叶脉掌状；具细叶柄。花单生于叶腋，具长梗，下垂；花萼红色，钟形，裂片 5 枚；花瓣 5 片，黄色；花蕊深棕色；小苞片缺失；花冠钟形，基部连合，与雄蕊柱合生；雄蕊柱顶端具多数花丝；子房具心皮 8 ~ 20 个，花柱分枝与心皮同数，子房每室具胚珠 2 ~ 9 粒。蒴果近球形，灯笼形。

花 果 期：花期全年。

产地与分布：原产于南美洲的巴西、乌拉圭等国。我国广西有引种栽培。

繁殖方法：扦插繁殖。

生态习性：喜温暖、湿润气候，不耐寒，喜光。宜在肥沃、湿润、排水良好的砂壤土上生长。

观赏特性与应用：花形独特，花期长，枝条柔软，常栽作吊盆观赏，亦可用于布置花丛、花境等。

金铃花 *Abutilon pictum* (Gillies ex Hook.) Walp.

科　　属：锦葵科苘麻属。

别　　名：显脉苘麻、金铃木、风铃花、脉纹悬铃花、纹瓣悬铃花、灯笼花、网纹悬铃花。

形态特征：常绿灌木，高可达 1 m。叶掌状 3 ~ 5 深裂，直径 5 ~ 8 cm；裂片卵形，先端长渐尖，边缘具齿或粗齿，两面均无毛或仅背面疏被星状柔毛；叶柄无毛；托叶钻形，常早落。花单生于叶腋，花梗下垂，无毛；花萼钟形，长约 2 cm，裂片 5 枚，卵状披针形，深裂达花萼长的 3/4，密被褐色星状短柔毛；花钟形，橘黄色，具紫色条纹；花瓣 5 片，倒卵形，外面疏被柔毛；雄蕊柱长约 3.5 cm，花药褐黄色，多数，集生于柱端；子房钝头，被毛，花柱分枝 10 个，紫色，柱头头状，突出于雄蕊柱顶端。

花　果　期：花期 5 ~ 10 月，果未见。

产地与分布：原产于南美洲的巴西、乌拉圭等国。我国广西有引种栽培。

繁殖方法：扦插繁殖。

生态习性：喜温暖、湿润气候，不耐寒，喜光。宜在肥沃、湿润、排水良好的砂壤土上生长。

观赏特性与应用：叶形秀丽，花形奇特，色彩亮丽。可孤植、丛植于花坛、路边、花架等处，也可盆栽于室内观赏。

非洲芙蓉 *Dombeya wallichii* (Lindl.) K. Schum.

科　　属：锦葵科非洲芙蓉属。

别　　名：吊芙蓉、百铃花。

形态特征：常绿灌木或小乔木，通常高 2～3 m，最高可达 15 m。全株密被淡褐色星状毛，枝叶均被柔毛。树冠圆形。枝叶密集，分枝多；茎皮具韧性。单叶互生；叶片心形，叶面粗糙，长 8～15 cm，边缘具齿；掌状脉 7～9 条；具托叶。伞形花序球形，生于叶腋；花聚生，悬吊而下，1 个花序含 10～20 朵小花；小花直径约 2.5 cm，花瓣 5 片，粉色。蒴果 5 瓣。

花 果 期：花期 12 月至翌年 3 月。

产地与分布：原产于非洲大陆东部及马达加斯加。我国广西南部有引种栽培。

繁殖方法：扦插繁殖。

生态习性：喜光，喜温暖、湿润气候，不耐寒。对土壤要求不高，在肥沃、湿润、排水良好的壤土上生长最好。

观赏特性与应用：悬垂花球夺人眼球，适合种植于庭院、公园、生活小区等处观赏，是城市绿化的新优树种。

朱槿 *Hibiscus rosa-sinensis* L.

科　　属：锦葵科木槿属。

别　　名：状元红、桑槿、大红花、佛桑、扶桑。

形态特征：常绿灌木，高 1～3 m。小枝圆柱形，疏被星状柔毛。叶片阔卵形或狭卵形，先端渐尖，基部圆形或楔形，边缘具粗齿或缺刻，两面除背面叶脉上被少许毛外均无毛；叶柄腹面被长柔毛；托叶线形，被毛。花单生于上部叶腋，常下垂，疏被星状柔毛或近平滑无毛，近端具节；小苞片 6～7 枚，线形，基部合生；花萼钟形，被星状柔毛，裂片 5 枚，卵形至披针形；花冠漏斗形，玫红色或淡红色、淡黄色等；花瓣倒卵形，先端圆，外面疏被柔毛；雄蕊柱平滑无毛；花柱枝 5 个。蒴果平滑无毛。

花 果 期：花期全年，夏秋最盛。

产地与分布：产于广西、广东、云南、台湾、福建、四川等省（自治区）。广西各地有栽培。

繁殖方法：扦插繁殖、嫁接繁殖。

生态习性：喜温暖、湿润气候。要求日光充足，不耐阴，不耐寒。对土壤适应性强，但在富含有机质的微酸性壤土上生长最好。

观赏特性与应用：花大色艳，花期全年，既可盆栽于庭院、酒店、会场等处，也可种植于庭院、街道边、公园、池畔等处观赏。

花叶朱槿 *Hibiscus rosa-sinensis* 'Variegata'

科　　属：锦葵科木槿属。

别　　名：花叶扶桑。

形态特征：常绿灌木，高 1~3 m。茎直立而多分枝。单叶互生；叶片阔卵形至狭卵形，先端突尖或渐尖，边缘具粗齿或缺刻，基部近全缘，秃净或背面叶脉被少许疏毛，腹面有白色、红色、淡红色、黄色、淡绿色等不规则斑纹。花具下垂或直上的梗，单生于上部叶腋；花大，漏斗形，玫红色。蒴果光滑，具喙。

花　果　期：花期全年。

产地与分布：园艺变种。广西各地有栽培。

繁殖方法：扦插繁殖、嫁接繁殖。

生态习性：喜温暖、湿润气候。要求日光充足，不耐阴，不耐寒。对土壤适应性强，但在富含有机质的微酸性壤土上生长最好。

观赏特性与应用：花叶极具观赏性，既可盆栽于庭院、酒店、会场等处，也可种植于庭院、街道边、公园、池畔等处观赏。

吊灯扶桑 *Hibiscus schizopetalus* (Mast.) Hook. F

科　　属：锦葵科木槿属。

别　　名：灯笼花、假西藏红花、拱手花篮。

形态特征：常绿灌木，高可达 3 m。小枝常下垂。叶片椭圆形或长圆形，先端短尖或短渐尖，基部钝或宽楔形，边缘具齿缺。花单生于枝顶叶腋；花梗下垂；花瓣 5 片，红色，深细裂流苏状，向上反卷；雄蕊柱长而突出，下垂。蒴果长圆柱形。

花 果 期：花期全年。

产地与分布：原产于非洲东部。在我国广西分布于南宁、桂林、玉林等市和合浦县。

生态习性：喜光。喜高温、高湿气候。耐烈日酷暑，但不耐低温，忌霜冻。较耐水湿。喜疏松、肥沃、排水良好的砂壤土。

繁殖方法：扦插繁殖。

观赏特性与应用：花形奇特，似灯笼悬挂于枝条之上，观赏性强。在园林应用中可修剪成各种几何图形，亦适合作条形绿篱。

木槿 *Hibiscus syriacus* L.

科　　属：锦葵科木槿属。

别　　名：荆条、朝开暮落花、喇叭花、盖碗花。

形态特征：落叶灌木，高 3~4 m。小枝密被黄色星状茸毛。叶片菱形至三角状卵形，边缘具不整齐齿缺，背面沿叶脉微被毛或近无毛；叶柄腹面被星状柔毛；托叶线形，疏被柔毛。花单生于枝顶叶腋，被星状短茸毛；小苞片 6~8 枚，线形，密被星状疏茸毛；花萼钟形，密被星状短茸毛，裂片 5 枚，三角形；花钟形，淡紫色、粉色、黄色等，花瓣倒卵形，外面疏被纤毛和星状长柔毛；雄蕊柱长约 3 cm；花柱枝无毛。蒴果卵球形，密被黄色星状茸毛。种子肾形，背部被黄白色长柔毛。

花 果 期：花期 6~9 月，果期 9~11 月。

产地与分布：原产于我国中部，在广西分布于南宁、桂林、梧州、百色等市和融水、平南、昭平、钟山、凤山、罗城、都安、金秀、宁明、龙州等县。

繁殖方法：扦插繁殖。

生态习性：喜光，稍耐阴。喜温暖、潮润气候。较耐干燥和贫瘠。对土壤要求不高，但在富含有机质的微酸性壤土上生长最好。在北方地区栽培需保护越冬。

观赏特性与应用：夏秋开花，花期长，花朵美丽。可作花篱、绿篱，也可作庭院点缀或盆栽于阳台、室内等。全株可药用，具有清热止泻的功效。

垂花悬铃花 *Malvaviscus penduliflorus* DC.

科　　属：锦葵科悬铃花属。

别　　名：南美朱槿、灯笼扶桑、卷瓣朱槿。

形态特征：灌木，高可达 2 m。小枝被长柔毛。叶片卵状披针形，先端长尖，基部广楔形至近圆形，边缘具钝齿，两面近无毛或仅脉上被星状疏柔毛；主脉 3 条；叶柄长 1～2 cm，腹面被长柔毛；托叶线形，长约 4 mm，早落。花单生于叶腋；花梗长约 1.5 cm，被长柔毛；小苞片匙形，边缘被长硬毛，基部合生；花萼钟形，裂片 5 枚，较小苞片略长，被长硬毛；花红色，下垂，筒形，仅上部略展开，长约 5 cm；雄蕊柱长约 7 cm；花柱分枝 10 个。

花 果 期：在热带地区全年不断开花，9～12 月为盛花期，果未见。

产地与分布：原产于墨西哥、秘鲁及巴西。我国广西各地有引种栽培。

繁殖方法：扦插繁殖。

生态习性：喜高温、多湿、阳光充足的环境。喜光，稍耐阴，较耐干旱和贫瘠。对土壤要求不高，但在富含有机质的微酸性壤土上生长最好。

观赏特性与应用：花美而特别，被称为"永不开放的花"，枝繁叶茂，耐修剪，是南方热带地区较好的绿篱、花篱植物。

大戟科

红穗铁苋菜 *Acalypha hispida* Burm. F.

科　　属：大戟科铁苋菜属。

别　　名：狗尾红、岁岁红。

形态特征：灌木，高 0.5～3 m。嫩枝被灰色短茸毛，后毛逐渐脱落；小枝无毛。叶片纸质，阔卵形或卵形，先端渐尖或急尖，基部阔楔形、钝圆或微心形。花雌雄异株；雌花序腋生，穗状，下垂；雌花苞片卵状菱形，散生；雌花红色或紫红色；雄花序未见。蒴果未见。

花　果　期：花期 2～11 月。

产地与分布：原产于太平洋岛屿。我国广西各地有分布。

生态习性：喜温暖、湿润和阳光充足的环境，不耐寒，不耐旱。喜湿润、肥沃的土壤。

繁殖方法：扦插繁殖、压条繁殖。

观赏特性与应用：长花穗红色，微微下垂，像小狗的尾巴，姿态可爱，十分有趣。可片植或孤植于庭院、公园，亦可盆栽观赏。

红桑 *Acalypha wilkesiana* Müll. Arg.

科　　属： 大戟科铁苋菜属。

别　　名： 三色铁苋菜、红叶铁苋。

形态特征： 常绿灌木，高 1～4 m。嫩枝被短毛。单叶互生；叶片纸质，阔卵形，古铜绿色或浅红色，常具不规则红色或紫色斑块，先端渐尖，基部钝圆，边缘具粗圆齿，背面沿叶脉被疏毛。穗状花序腋生，雌雄同株；花淡紫色。

花 果 期： 花期几乎全年。

产地与分布： 原产于太平洋岛屿。华南地区多有引种栽培，在我国广西分布于南宁市和临桂、东兴等区（市）。

生态习性： 喜高温、高湿气候，抗寒性弱，不耐霜冻。喜光，不耐阴。对土壤水肥条件要求较高，喜肥沃及排水良好的砂土，忌涝。

繁殖方法： 扦插繁殖。

观赏特性与应用： 叶常年紫红色，特别适合种植于森林公园，也适合作各种花坛的镶边或中心图案，可盆栽于庭院、街道、阳台等处观赏。

变叶木 *Codiaeum variegatum* (L.) Rumph. ex A. Juss.

科　　属： 大戟科变叶木属。

别　　名： 洒金榕。

形态特征： 常绿灌木，高 1 ~ 2 m。单叶互生；叶片厚革质，叶形变化很大，有椭圆形、卵形、披针形、戟形，边缘全缘或分裂，有时微皱扭曲，颜色多种，有红色、黄色、紫色、绿色，亦有各色相间，或因绿色叶片上散生黄色或金黄色斑点、斑块而变得五彩缤纷。花小，单生，雌雄同株。蒴果球形，白色。

花 果 期： 花期 9 ~ 10 月。

产地与分布： 原产于马来西亚及太平洋岛屿。我国广西各地有引种栽培。

生态习性： 喜高温、高湿气候，对低温、霜冻特别敏感，极易受害。喜光，不耐阴。喜肥沃、排水良好的壤土。

繁殖方法： 扦插繁殖、高压繁殖。

观赏特性与应用： 常盆栽用于厅堂、宾馆、酒楼、阳台、天台或庭院绿化，园林中常用于路边、草地边缘、林缘绿化。

金光变叶木 *Codiaeum variegatum* 'Chrysophyllum'

科　　属：大戟科变叶木属。

别　　名：金光洒金榕。

形态特征：常绿灌木，高约 1 m。叶互生；叶片长椭圆形，先端尖，基部楔形，边缘全缘，腹面具不规则金黄色斑块。

花 果 期：花期秋季。

产地与分布：栽培种。我国西南地区、华南地区有引种栽培。

生态习性：喜高温、高湿气候，不耐霜冻，抗寒性较弱。喜光照充足，不耐阴。对土壤水肥条件要求较高。

繁殖方法：扦插繁殖、压条繁殖。

观赏特性与应用：色彩缤纷，可盆栽于卧室、客厅、阳台或庭院等处作装饰，亦可孤植、列植于路边、墙边或草地上。

彩霞变叶木 *Codiaeum variegatum* 'Indian Blanket'

科　　属：大戟科变叶木属。

形态特征：常绿灌木。叶片大，卵圆形至宽披针形，新叶金黄色或具黄色、紫红色叶脉，背面具红色晕彩。

花　果　期：花期秋季。

产地与分布：栽培种。我国西南地区、华南地区有引种栽培。

生态习性：喜温暖、湿润、阳光充足的环境，不耐阴。虽耐旱，但极敏感，温度变化大时叶片会下垂或枯萎。不择土壤，但以肥沃、富含有机质的土为佳。

繁殖方法：扦插繁殖。

观赏特性与应用：色彩斑斓，可丛植或片植于庭院，也可作插叶材料，亦可孤植于草坪上或与别的绿色树种配植。

紫锦木 *Euphorbia cotinifolia* **L.**

科　　属：大戟科大戟属。

别　　名：肖黄栌、俏黄栌。

形态特征：常绿乔木，常作灌木栽培。植株具乳汁。树冠圆整。分枝颇多；嫩枝暗红色，稍肉质。叶 3 片轮生；叶片卵圆形，先端钝圆，基部近平截，边缘全缘，两面均红色；叶柄长，略微红色。杯状聚伞花序顶生或腋生，细小；花瓣状总苞片淡黄色。蒴果三棱状卵形。

花 果 期：花期全年。

产地与分布：原产于美洲热带地区。我国广西有栽培。

生态习性：喜阳光充足、湿润、温暖的环境。耐干旱、瘠薄，忌积水。适生于肥沃、疏松、排水良好的土上。

繁殖方法：扦插繁殖。

观赏特性与应用：南方常见的彩叶树种之一。可孤植、对植、丛植或列植于花坛、花境、路边、林下，也可盆栽于厅堂或门廊两侧观赏。

铁海棠 *Euphorbia milii* Ch. Des Moul.

科　　属：大戟科大戟属。

别　　名：虎刺梅、虎刺、麒麟刺。

形态特征：多年生肉质灌木。植株具乳汁。茎直立或攀缘状，高约 1 m；刺硬而尖，长 1～3 cm，常 3～5 行排列于茎的纵棱上。叶互生，常只生于嫩枝上，老枝无叶；叶片浓绿色，肉质，有光泽，倒卵形或倒卵状长圆形。杯状聚伞花序腋生；花瓣 5 片；花冠肉质，白色带红晕，似梅花。蒴果扁球形。

花 果 期：花期全年。

产地与分布：原产于非洲。我国南北均有引种栽培，广西各地有栽培。

生态习性：喜温暖、湿润气候，忌干风，抗寒性弱，在气温较低的地方冬季落叶；喜光，耐半阴，但忌阴；较耐干旱，忌积水。喜肥沃、湿润、排水良好的土壤，不宜在黏重土及贫瘠土上生长。

繁殖方法：扦插繁殖。

观赏特性与应用：因植株带刺且相对矮小，故多种植于行人触碰不到的假山之上或花坛中心，亦可盆栽于室内观赏。

一品红 *Euphorbia pulcherrima* Willd. ex Klotzsch

科　　属：大戟科大戟属。

别　　名：老来娇、圣诞红、猩猩木。

形态特征：常绿灌木，高 1～3 m。枝、叶损伤处有白色乳汁流出。单叶互生；叶片卵状椭圆形、长椭圆形或披针形，先端渐尖或急尖，基部楔形或渐狭，绿色，边缘全缘、浅裂或波状浅裂，腹面被短柔毛或无毛，背面被柔毛。苞片 5～7 枚，狭椭圆形，朱红色，边缘全缘，极少边缘浅波状分裂；聚伞花序顶生，淡绿色。蒴果三棱状圆形。

花 果 期：花期 10 月至翌年 3 月。

产地与分布：原产于墨西哥南部及中美洲等。我国广西各地有栽培。

生态习性：喜高温、高湿气候，抗寒性弱，不耐霜冻，易受寒害；喜光，不耐阴。根系浅，较耐水湿而不耐干旱；萌芽力强，耐修剪。喜肥沃土壤。

繁殖方法：扦插繁殖、高压繁殖。

观赏特性与应用：冬叶鲜红漂亮，特别适合制作大型花坛、花带，可用于营造欢快、浓烈的节日氛围；亦适合摆放、陈列于庭院大门及阳台。

红背桂 *Excoecaria cochinchinensis* Lour.

科　　属： 大戟科海漆属。

别　　名： 紫背桂、红背桂花。

形态特征： 常绿灌木，高约 1 m。枝无毛，具多数皮孔。叶对生，稀互生或近 3 片轮生；叶片纸质，狭椭圆形或长圆形，先端长渐尖，基部渐狭，边缘疏具细齿，两面均无毛，腹面绿色，背面紫红色或血红色。花单性，雌雄异株，聚集成腋生或顶生的总状花序；子房球形，花柱 3 裂。蒴果球形，基部平截，顶端凹陷。种子近球形。

花 果 期： 花期几乎全年。

产地与分布： 产于我国广西龙州县，广西各地有引种栽培。分布于我国广西、海南。越南也有分布。

生态习性： 喜温暖、湿润气候，耐暑热，不耐寒，易受霜冻害；喜半光，不适应全阴；根系较浅，较耐水湿，不耐久旱；喜肥；耐修剪；抗性强，少有病虫害。

繁殖方法： 扦插繁殖、播种繁殖。

观赏特性与应用： 一叶双色，特别适合种植于道路两旁。微风过处，红浪翻滚，甚是壮观！由于抗性强，病虫害少，适合用于矿厂区、公园、学校等处的绿化。

绣球花科

绣球 *Hydrangea macrophylla* (Thunb.) Ser.

科　　属: 绣球花科绣球属。

别　　名: 八仙花、紫阳花。

形态特征: 灌木，高 1～4 m。幼枝粗壮，无毛，皮孔明显，叶痕大。叶片大且厚，近肉质，椭圆形或宽倒卵形，长 7～15 cm，宽 4～10 cm，先端急尖，基部阔楔形，具粗齿，两面均无毛或仅背面中脉疏被短毛，脉腋被髯毛。伞房状聚伞花序近球形，顶生；花二型，但两性花数量极少；放射花萼裂片 3～4 枚，宽卵形或圆形，粉红色、淡蓝色或白色。蒴果长陀螺形，顶端突出，黄褐色，具棱角。

花 果 期: 花期 4～7 月。

产地与分布: 产于我国长江流域及以南地区。在广西分布于梧州、贺州等市和临桂、兴安等县（区）。

生态习性: 喜温暖、湿润和半阴的环境。喜疏松、肥沃和排水良好的酸性土。

繁殖方法: 扦插繁殖、分株繁殖、压条繁殖。

观赏特性与应用: 花形丰满，花色有红有蓝，变化多姿。可片植于庭院、公园或风景区，也可作盆栽或切花观赏。

圆锥绣球 *Hydrangea paniculata* Sieb.

科　　属：绣球花科绣球属。

别　　名：水亚木、白花丹。

形态特征：灌木或小乔木，高 1 ~ 9 m。枝暗红褐色或灰褐色，初期被疏柔毛，后脱落无毛，具凹陷条纹和圆形浅色皮孔。叶 2 ~ 3 片对生或轮生；叶片纸质，卵形或椭圆形，边缘具密集稍内弯的小齿。圆锥状聚伞花序尖塔形，长可达 26 cm，白色；萼片 4 枚，阔椭圆形或近圆形；花瓣白色，卵形或卵状披针形。蒴果椭球形。种子褐色，扁平，具纵脉纹，轮廓纺锤形，两端具翅。

花 果 期：花期 8 ~ 9 月，果期 10 ~ 11 月。

产地与分布：原产于我国西北、华东、华中、华南、西南等地区。在广西分布于贺州市和武鸣、融水、临桂、全州、兴安、永福、灌阳、龙胜、资源、恭城、象州、金秀等县（区）。

生态习性：喜光，不耐寒。喜排水良好的土壤。

繁殖方法：扦插繁殖。

观赏特性与应用：花序硕大，极美丽。可盆栽于室内观赏，也可种植于林缘、池畔、路旁、墙垣边或作花境材料。

蔷薇科

贴梗海棠 *Chaenomeles speciosa* (Sweet) Nakai

科　　属：蔷薇科木瓜海棠属。

别　　名：铁角海棠、贴梗木瓜、皱皮木瓜。

形态特征：落叶灌木，高可达 2 m。枝条直立，展开，具刺。叶片卵形至椭圆形，先端急尖，稀钝圆，基部楔形至宽楔形，边缘具尖锐齿。花梗短粗；萼筒钟形；花瓣倒卵形或近圆形，基部延伸成短爪，猩红色，稀淡红色或白色；花芳香。果球形或卵球形，黄色或带黄绿色，具稀疏的不明显斑点，萼片脱落，果梗短或近于无梗。

花 果 期：花期 3～5 月，果期 9～10 月。

产地与分布：原产于陕西、甘肃、四川、贵州、云南、广东等省。在广西分布于桂林市和乐业县。

生态习性：适应性强，喜光，耐半阴，耐寒，耐旱。对土壤要求不高，在肥沃、排水良好的黏土、壤土上均可正常生长，忌低洼积水和盐碱地。

繁殖方法：播种繁殖、扦插繁殖、压条繁殖。

观赏特性与应用：株形古雅，花色雅致。可孤植、对植、丛植于花坛、花境、路边等处，也可作盆景、花篱或用于花艺设计。

棣棠 *Kerria japonica* (L.) DC.

科　　属： 蔷薇科棣棠花属。

别　　名： 棣棠花、地棠、黄榆叶梅、土黄条、麻叶棣棠。

形态特征： 落叶灌木，高 1～3 m。小枝绿色，圆柱形，无毛，质软，常拱垂；髓白色。单叶互生；叶片卵形至卵状椭圆形，先端长渐尖，基部圆形、截形或微心形，边缘具重齿。花单生于当年生侧枝顶端，金黄色；花瓣长圆形或近圆形。瘦果褐黑色，扁球形，无毛，具皱褶。

花果期： 花期 4～5 月，果期 6～8 月。

产地与分布： 原产于中国及日本。在中国广西分布于桂林市和南丹县。

生态习性： 喜温暖、湿润及半阴的环境，不耐寒，较耐水湿。在疏松、肥沃、湿润且排水良好的中性土上生长良好，在略偏碱性土和半阴的地方生长较好。

繁殖方法： 扦插繁殖、播种繁殖、分株繁殖。

观赏特性与应用： 可丛植于墙际、水畔、坡地、林缘及草坪边缘，可作花径、花篱，也可与假山配植。

红叶石楠 *Photinia × fraseri* Dress

科　　属：蔷薇科石楠属。

别　　名：费氏石楠。

形态特征：常绿灌木或小乔木，高 4～6 m。小枝灰褐色，无毛。叶互生；叶片革质，长椭圆形或倒卵状椭圆形，先端尖，基部楔形，边缘疏具腺齿，两面均无毛，新叶亮红色，老叶绿色。复伞房花序顶生，花白色。果球形，红色或褐紫色。

花　果　期：花期 5～7 月，果期 9～10 月。

产地与分布：杂交种。广西各地有栽培。

生态习性：喜光，稍耐阴，喜温暖、湿润气候，耐干旱、瘠薄，不耐水湿。适合在微酸性土上生长，尤喜砂土。

繁殖方法：扦插繁殖、组织培养。

观赏特性与应用：叶色红艳，习性强健。适合盆栽于天台、阳台或阶梯旁，园林中常修剪成灌木状，种植于路边、墙垣观赏。

紫叶李 *Prunus cerasifera* 'Atropurpurea'.

科　　属：蔷薇科李属。

别　　名：红叶李、紫叶樱桃李。

形态特征：落叶灌木或小乔木，高可达 8 m。多分枝；小枝暗红色，无毛。叶片椭圆形、卵形或倒卵形，先端急尖，基部楔形或近圆形，边缘具钝圆齿，紫红色。花 1 朵，稀 2 朵；花瓣白色，长圆形或匙形，边缘波状，基部楔形。核果近球形或椭球形，黄色、红色或黑色，微被蜡粉。

花 果 期：花期 4~5 月，果期 7~8 月。

产地与分布：原产于新疆，广西各地有栽培。

生态习性：喜光，喜温暖、湿润气候。对土壤适应性强，不耐干旱，较耐水湿，在肥沃、深厚、排水良好的黏质中性、酸性土上生长良好，不耐盐碱。

繁殖方法：扦插繁殖、嫁接繁殖、压条繁殖。

观赏特性与应用：整个生长期都为紫红色，宜种植于建筑物前、园路边或草坪角隅处观赏。

火棘 *Pyracantha fortuneana* (Maxim.) Li

科　　属：蔷薇科火棘属。

别　　名：火把果、救军粮。

形态特征：常绿灌木，高可达3 m。侧枝短，顶端刺状，幼时被锈色短柔毛，后脱落无毛。单叶互生；叶片倒卵形或倒卵状长圆形，先端钝圆或微凹，边缘具钝齿。复伞房花序，花稀疏排列；被丝托钟形；萼片三角状卵形；花瓣白色，近圆形。果近球形，橘红色或深红色。

花　果　期：花期4～5月，果期9～11月。

产地与分布：产于广西桂林市和天峨、南丹、乐业、凌云、田林、西林、隆林等县。分布于陕西、河南、江苏、西藏、四川、贵州、湖北、浙江、湖南、福建、云南、广西等省（自治区）。

生态习性：适应性强，喜强光，耐旱，耐贫瘠。在疏松、肥沃的土上生长最好。

繁殖方法：播种繁殖、扦插繁殖、压条繁殖。

观赏特性与应用：春季观花，冬季观果。可盆栽于阳台、窗台等处观赏，也是制作盆景的优良材料。果成熟后可食用。

石斑木 *Rhaphiolepis indica* (Linnaeus) Lindley

科　　属：蔷薇科石斑木属。

别　　名：车轮梅、春花。

形态特征：常绿灌木，稀小乔木，高可达 4 m。幼枝初被褐色茸毛，后毛逐渐脱落。叶片集生于枝顶、卵形、长圆形，稀倒卵形或长圆状披针形，先端钝圆，急尖、渐尖或长尾尖，边缘具细钝齿，腹面有光泽，平滑无毛。圆锥花序或总状花序顶生；总花梗和花梗均被锈色茸毛；花瓣 5 片，白色或淡红色，倒卵形或披针形。果球形，紫黑色。

花 果 期：花期 4 月，果期 7～8 月。

产地与分布：原产于中国、日本、老挝、越南、柬埔寨、泰国和印度尼西亚。在中国广西分布于南宁市和全州、兴安等县。

生态习性：喜光，较耐阴，为中性偏阳性树种。喜温暖、湿润气候，不耐寒。对土壤要求一般，在肥沃、湿润、疏松、土层深厚的酸性至微酸性土及半阴环境中生长最为旺盛。

繁殖方法：种子繁殖。

观赏特性与应用：花朵白里透红，可用于点缀草坪、园路两旁，也可用于庭院建筑物周围的美化和绿化。

月季 *Rosa chinensis* Jacq.

科　　　属：蔷薇科蔷薇属。

别　　　名：月月花、月月红、玫瑰。

形态特征：直立灌木，高 1～2 m。小枝近无毛，具短粗钩状皮刺或无刺。羽状复叶；小叶宽卵形或卵状长圆形，边缘具锐齿，两面近无毛；侧生小叶近无柄，具散生皮刺和腺毛，边缘常被腺毛。花数朵集生，稀单生；花瓣重瓣至半重瓣，红色、粉红色或白色，倒卵形，先端凹陷。蔷薇果卵球形或梨形，熟时红色。

花　果　期：花期 4～9 月，果期 6～11 月。

产地与分布：原产于我国。广西各地有栽培。

生态习性：适应性强，耐寒，耐旱，喜温暖、湿润气候，喜光。对土壤要求不高，以富含有机质、排水良好的微酸性砂壤土为佳。

繁殖方法：播种繁殖、嫁接繁殖、扦插繁殖、分株繁殖。

观赏特性与应用：花期长，具攀缘性，可用于垂直绿化，也可造型成拱形，还可作花篱、花墙和花屏。

野蔷薇 *Rosa multiflora* Thunb.

科　　属：蔷薇科蔷薇属。

别　　名：蔷薇、多花蔷薇、白花蔷薇、七姐妹。

形态特征：攀缘灌木。小枝无毛，具粗短稍弯曲皮刺。小叶5~9片，倒卵形、长圆形或卵形，边缘具尖锐单齿。圆锥花序；萼片披针形；花瓣白色，宽倒卵形，先端微凹。果近球形，熟时红褐色或紫褐色，有光泽，无毛，萼片脱落。

花　果　期：花期5~7月，果期10~11月。

产地与分布：原产于我国江苏、山东、河南等省。日本、朝鲜等国也有分布。在我国广西分布于百色、梧州等市和武鸣、临桂、全州、兴安、龙胜、资源等县（区）。

生态习性：习性强健，喜光，耐半阴，耐寒，耐水湿。对土壤要求不高，耐瘠薄，忌低洼积水，以肥沃、疏松的微酸性土为佳。

繁殖方法：分株繁殖、扦插繁殖、播种繁殖、压条繁殖。

观赏特性与应用：花形千姿百态，花色五彩缤纷。可用于花柱、花架、花门、篱垣与栅栏绿化、墙面绿化、山石绿化、阳台和窗台绿化、立交桥绿化等。

蜡梅科

蜡梅 *Chimonanthus praecox* (L.) Link

科　　属：蜡梅科蜡梅属。

别　　名：腊梅、黄梅花、香梅。

形态特征：落叶灌木，高可达 4 m。幼枝四方形，老枝近圆柱形，灰褐色，无毛或疏被微毛，具皮孔。叶片纸质至近革质，卵圆形、椭圆形、宽椭圆形至卵状椭圆形，先端急尖至渐尖，有时尾尖，基部急尖至圆形。花生于去年生枝条叶腋，花先叶开放，芳香，直径 2 ~ 4 cm。聚合果紫褐色，坛形或倒卵状椭圆形。

花　果　期：花期 11 月至翌年 3 月，果期翌年 4 ~ 11 月。

产地与分布：原产于山东、江苏、安徽、浙江、福建、江西、湖南、湖北、河南、陕西、四川、贵州、云南等省。广西柳州、桂林以北地区有栽培。

生态习性：喜阳光，稍耐阴，耐寒，耐旱，忌积水。适生于土层深厚、肥沃、疏松、排水良好的微酸性砂壤土上，在盐碱地上生长不良。

繁殖方法：嫁接繁殖、分株繁殖、播种繁殖、扦插繁殖。

观赏特性与应用：花色以黄色为主，花瓣黄色透明、质似蜡，花香浓郁。常种植于园林绿地，也可作盆景观赏，还可作木本切花。

含羞草科

细叶粉扑花 *Calliandra brevipes* Benth.

科　　属：含羞草科朱缨花属。

别　　名：细叶合欢、香水合欢。

形态特征：常绿灌木，高 0.4～2 m。枝条初期挺直伸长，后逐渐向四周弯曲；红褐色，多分枝。极细致二回羽状复叶；小叶 10～30 对，线状刀形。头状花序腋生；花芳香；花丝基部合生，下端雪白色，上端粉红色，雄蕊多数。荚果扁平线形。

花 果 期：花期 5～7 月，果期 9～11 月。

产地与分布：原产于巴西东南部、乌拉圭至阿根廷北部。我国广西各地有栽培。

生态习性：喜温暖、湿润气候，喜光，耐半阴，耐水湿，忌积水。喜疏松、肥沃的壤土。

繁殖方法：扦插繁殖、播种繁殖。

观赏特性与应用：花形似粉扑，极为雅致，花具香味且花期长。适合种植于公园、生活小区及办公场所的假山旁或水边，也可种植于路边。

朱缨花 *Calliandra haematocephala* Hassk.

科　　属：含羞草科朱缨花属。

别　　名：美蕊花、红绒球。

形态特征：落叶灌木或小乔木，高可达 3 m。枝条扩展；小枝圆柱形，褐色，被短毛。二回羽状复叶，羽片 1 对；小叶 6～9 对，卵状披针形或长圆状披针形，先端钝，具小尖头，基部偏斜。头状花序腋生，具 25～40 朵花；花冠淡紫红色，顶端具 5 枚裂片，裂片反折。荚果线状倒披针形，暗棕色，熟时由顶部至基部沿缝线开裂，果瓣外翻。

花　果　期：花期 5～7 月，果期 10～12 月。

产地与分布：原产于南美洲。我国广西南部各地有栽培。

生态习性：喜光，喜温暖、湿润气候，不耐寒。要求土层深厚且排水良好的土壤。

繁殖方法：播种繁殖、压条繁殖、扦插繁殖。

观赏特性与应用：花冠丛圆整，花丝红艳，花期长。可作行道、庭院、公路绿化树。

苏木科

科　　属：苏木科小凤花属。

别　　名：金凤花、黄蝴蝶、峡蝶花。

形态特征：灌木或小乔木。枝无毛，绿色或粉绿色。二回羽状复叶对生，羽片4～9对；小叶片长圆形或倒卵形，先端微凹，基部偏斜，无毛。伞房状总状花序顶生或腋生，疏松；花瓣橙红色或黄色，圆形。荚果窄而薄，倒披针状长圆形，顶端具长喙，无毛，开裂，熟时黑褐色。种子6～9粒。

花 果 期：几乎全年均可开花结果。

产地与分布：原产于西印度群岛。我国广西各地有分布。

生态习性：喜光，耐微阴，喜温暖、湿润气候，耐热，不耐寒。喜排水良好、富含腐殖质的微酸性土。

繁殖方法：播种繁殖、扦插繁殖。

观赏特性与应用：花形奇巧，花冠橙红色，色泽艳丽，是园林花境优美树种。适于花架、篱垣攀缘绿化，也可盆栽于阳台、天台观赏。

紫荆 *Cercis chinensis* Bunge

科　　属： 苏木科紫荆属。

别　　名： 满条红。

形态特征： 灌木，高可达 5 m。小枝灰白色，无毛。叶片纸质，近圆形或三角状圆形，基部心形，边缘膜质透明。花紫红色或粉红色，2～19 朵成束，簇生于老枝和主干上，尤以主干上花束较多，越到上部幼嫩枝条则花越少；花常先叶开放，幼嫩枝上的花则与叶同放；花蕾时有光泽，无毛，后期则密被短柔毛。种子 2～6 粒，宽长圆形，黑褐色，有光泽。

花　果　期： 花期 3～4 月，果期 8～10 月。

产地与分布： 原产于我国东南部；北至河北，南至广东、广西，西至云南、四川，西北至陕西，东至浙江、江苏和山东等地有分布。在广西分布于桂林市和乐业、田林等县。

生态习性： 喜光，耐热，耐寒，忌积水。对土壤要求不高，耐贫瘠，但在疏松、肥沃、排水良好的砂土上生长较好。

繁殖方法： 播种繁殖、分株繁殖、嫁接繁殖。

观赏特性与应用： 干形好，株形丰满，适合孤植、丛植、混植于绿地，也可作庭院树或行道树。

翅荚决明 *Senna alata* (Linnaeus) Rox burgh

科　　属：苏木科决明属。

别　　名：刺荚黄槐、翅荚槐。

形态特征：多年生常绿灌木，高 1～3 m。叶互生，偶数羽状复叶，叶柄和叶轴具狭翅；小叶片倒卵状长圆形或长椭圆形。总状花序顶生或腋生，具长梗；花冠黄色。荚果带形，具翅。

花　果　期：花期 7 月至翌年 1 月，果期 10 月至翌年 3 月。

产地与分布：原产于美洲热带地区。我国广西各地有栽培。

生态习性：喜光，耐半阴，喜高温、湿润气候，耐贫瘠，不耐寒，不耐强风。

繁殖方法：播种繁殖。

观赏特性与应用：花形奇特，色泽明艳，花期长。可丛植于路边、亭廊边或水岸边观赏，也可种植于庭院一隅或墙垣边观赏。是重要的药用植物，可作缓泻剂。

双荚决明 *Senna bicapsularis* (L.) Roxb.

科　　属：苏木科决明属。

别　　名：双荚黄槐。

形态特征：直立灌木。多分枝，无毛。羽状复叶，小叶 3～4 对；小叶片倒卵形或倒卵状长圆形，先端钝圆，基部渐狭、偏斜。总状花序生于枝顶叶腋，常集成伞房花序，长度约与叶相等；花瓣黄色，匙形。荚果圆柱形，膜质。种子多数。

花 果 期：花期 10～11 月，果期 11 月至翌年 3 月。

产地与分布：原产于美洲热带地区。我国广西南宁、柳州、桂林等市有栽培。

生态习性：喜光，耐高温，较耐寒，适应性较强，耐干旱、瘠薄。尤其适应在肥力中等的微酸性土或砖红壤上生长。

繁殖方法：播种繁殖、扦插繁殖。

观赏特性与应用：花色明艳，花期长，是我国南方城乡行道和庭院的优良绿化树，常种植于池边、路旁、广场、公园和草地边缘，也可点缀在草坪中间。

蝶形花科

美丽胡枝子 *Lespedeza thunbergii* subsp. *formosa* (Vogel) H. Ohashi

科　　属：蝶形花科胡枝子属。

别　　名：柔毛胡枝子、马扫帚。

形态特征：落叶灌木，高 1～3 m。多分枝，分枝伸展，疏被柔毛。羽状复叶，3 片小叶；小叶片椭圆形、长圆状椭圆形或卵形，先端稍尖，两面被短柔毛。总状花序单一，腋生，比叶长，或构成顶生的圆锥花序；花冠红紫色。荚果倒卵形或倒卵状长圆形，表面具网纹且疏被柔毛。

花　果　期：花期 7～9 月，果期 9～10 月。

产地与分布：原产于我国西北、华北、华东、华中及西南各地。在广西分布于桂林、梧州、贺州等市和邕宁、柳城、灵山、博白、象州、金秀、宁明等县（区）。

生态习性：耐旱，耐高温。耐酸性、贫瘠土壤，生于向阳的山坡、山谷、路边灌木丛或林缘。

繁殖方法：播种繁殖、扦插繁殖。

观赏特性与应用：株形展开，覆盖性好，叶形秀丽，花色古雅。宜作观花灌木或护坡地被的点缀，也可作绿篱。

金缕梅科

瑞木 *Corylopsis multiflora* Hance

科　　属： 金缕梅科蜡瓣花属。

别　　名： 大果蜡瓣花、心叶瑞木。

形态特征： 落叶或半常绿灌木。嫩枝被星状毛；老枝灰褐色，无毛；芽被灰白色茸毛。叶片薄革质，倒卵形、倒卵状椭圆形或卵圆形，先端锐尖或渐尖，基部心形，近对称，腹面叶脉被柔毛，背面带粉白色，被星状毛。总状花序，花瓣倒披针形。蒴果木质，无毛。种子黑色。

花 果 期： 花期 12 月至翌年 4 月，果期翌年 5 ~ 10 月。

产地与分布： 原产于福建、台湾、广东、广西、贵州、湖南、湖北及云南等省（自治区）。在广西分布于上思县及桂北地区、桂中地区。

生态习性： 喜光照，喜温暖、湿润气候。不择土壤。

繁殖方法： 播种繁殖。

观赏特性与应用： 习性强健，可用于公园、绿地的路边、山石边或墙垣处绿化。

金缕梅 *Hamamelis mollis* Oliver

科　　属：金缕梅科金缕梅属。

形态特征：灌木或小乔木。嫩枝及顶芽被灰黄色星状茸毛。叶片宽倒卵圆形，先端急尖，基部心形，不对称，边缘具波状齿，腹面疏被星状毛，背面密被星状茸毛。花序腋生，由数朵花组成头状或短穗状花序，无花梗；花瓣带形，黄白色。蒴果卵球形，被褐色星状茸毛。种子长卵形，黑色。

花　果　期：花期 4~5 月，果期 10 月。

产地与分布：产于广西北部和东北部，分布于江苏、浙江、江西、安徽、湖北、湖南、四川、广西等省（自治区）。

生态习性：喜光照，喜温暖、湿润气候，耐半阴，畏炎热，有一定耐寒性。对土壤要求不高，以排水良好、湿润且富含腐殖质的土壤为佳。

繁殖方法：播种繁殖、压条繁殖、嫁接繁殖。

观赏特性与应用：花形奇特，早春先叶开放，芳香。可种植于庭院角隅、池边、溪畔、山石间及丛林边缘观赏。花枝可作切花材料。

檵木 *Loropetalum chinense* (R. Br.) Oliver

科　　属： 金缕梅科檵木属。

别　　名： 白花檵木、白彩木、继木、大叶檵木。

形态特征： 常绿或半落叶灌木，有时为小乔木。多分枝，小枝被星状毛。叶互生；叶片革质，卵形，先端锐尖，基部钝，不对称，边缘全缘，腹面略被粗毛或秃净，背面被星状毛，稍带灰白色；叶柄短；托叶膜质，三角状披针形，早落。花簇生，白色，先于新叶开放或与嫩叶同时开放。蒴果卵球形。种子卵球形，长 4～5 mm，黑色，有光泽。

花　果　期： 花期 3～4 月，果期 8 月。

产地与分布： 原产于我国中部、南部及西南地区。在广西分布于桂林、贺州等市和融水、金秀、巴马、隆林等县。

生态习性： 喜光，耐半阴。喜温暖气候及酸性土，适应性较强。

繁殖方法： 播种繁殖、嫁接繁殖。

观赏特性与应用： 花繁密，初夏开花如覆雪，颇为美丽。可丛植于草地、林缘或与石山相配，亦可种植于风景林下。可作砧木嫁接红花檵木，制作桩景和盆景。

红花檵木 *Loropetalum chinense* var. *rubrum* **Yieh**

科　　属：金缕梅科檵木属。

别　　名：红檵花、红桎木、红檵木、红花桎木、红花继木。

形态特征：檵木的变种。常绿灌木或小乔木。树皮暗灰色或浅灰褐色。多分枝；嫩枝红褐色，密被星状毛。叶互生；叶片革质，卵圆形或椭圆形，先端短尖，基部圆而偏斜，不对称，两面均被星状毛，边缘全缘，暗红色。花3～8朵簇生于小枝顶端；花瓣4片，紫红色。蒴果褐色，近卵形。

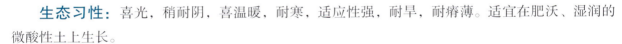

花　果　期：花期4～5月，果期9～10月。

产地与分布：原产于湖南。广西各地有分布。

生态习性：喜光，稍耐阴，喜温暖，耐寒，适应性强，耐旱，耐瘠薄。适宜在肥沃、湿润的微酸性土上生长。

繁殖方法：扦插繁殖、压条繁殖、播种繁殖。

观赏特性与应用：萌芽力和发枝力强，耐修剪，常修剪成球形。可孤植、丛植、群植于园林绿地。可作砧木进行嫁接，制作盆景和桩景。

黄杨科

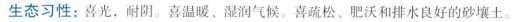

匙叶黄杨 *Buxus harlandii* Hance

科　　属：黄杨科黄杨属。

别　　名：雀舌黄杨、锦熟黄杨、头花黄杨。

形态特征：小灌木，高 0.5 ~ 1 m。分枝密集，枝近圆柱形，小枝四棱柱形，被轻微短柔毛。叶片薄革质，通常匙形，亦有狭卵形或倒卵形，先端圆或钝，常具浅凹口或小尖突头，基部楔形，绿色，有光泽；无明显的叶柄。头状花序腋生兼顶生，花密集。蒴果卵形，熟时紫黄色。

花 果 期：花期 3 月，果期 7 月。

产地与分布：原产于云南、四川、贵州、广西、广东等省（自治区）。在广西分布于桂林等市和融安、上思、隆林、凌云、那坡、环江等县。

生态习性：喜光，耐阴。喜温暖、湿润气候。喜疏松、肥沃和排水良好的砂壤土。

繁殖方法：扦插繁殖、播种繁殖、分株繁殖。

观赏特性与应用：枝繁叶茂，叶形别致，四季常青，耐修剪。常用作绿篱、花坛，也可配植于草地、山石旁、林缘等处，或作盆景、造型树和盆栽于室内观赏。

小叶黄杨 *Buxus sinica* var. *parvifolia* M. Cheng

科　　属：黄杨科黄杨属。

别　　名：山黄杨、千年矮、黄杨木。

形态特征：常绿灌木或小乔木。树皮淡灰褐色，浅纵裂。分枝密集；小枝具 4 条棱，被柔毛。叶对生；叶片倒卵状椭圆形或卵状长圆形，先端钝圆或微凹，基部宽楔形。花簇生，花序多顶生。果近球形。

花　果　期：花期 3～4 月，果期 10～11 月。

产地与分布：原产于安徽、浙江、福建、江西、湖南、湖北、四川、广东、广西等省（自治区）。在广西分布于桂林、南宁等市。

生态习性：喜温暖、湿润气候，喜半阴，耐旱，耐寒。

繁殖方法：扦插繁殖、播种繁殖。

观赏特性与应用：叶片小，枝密，色泽鲜绿。常作绿篱，也可盆栽观赏。

桑 科

金叶垂榕 *Ficus benjamina* 'Golden Leaves'

科　　属：桑科榕属

别　　名：黄金垂榕。

形态特征：常绿小乔木或灌木，高可达30 m。枝干易生气生根，小枝弯垂。叶片椭圆形，先端尖，表面平滑且有光泽，略为革质，边缘微波浪状，金黄色至黄绿色，长5～13 cm。果长圆形至球形，对生，长约1 cm，熟前橘红色，熟时黑色。

花 果 期：花期夏季。

产地与分布：栽培种。广西各地有栽培。

生态习性：喜高温、多湿气候，耐旱，耐湿，抗污染。喜排水良好的砂壤土。

繁殖方法：扦插繁殖、高压繁殖、嫁接繁殖。

观赏特性与应用：幼株及栽培种株形较矮。可盆栽观赏或孤植于草坪、花坛，也可修剪成球形作绿篱。

花叶垂榕 *Ficus benjamina* 'Variegata'

科　　属：桑科榕属。

别　　名：斑叶垂榕。

形态特征：常绿灌木或乔木，高1～2 m。分枝较多，枝干易生气生根，具下垂的枝条。叶互生，密集；叶片长卵形，先端尖，革质，有光泽，边缘全缘，淡绿色，叶脉及叶缘具不规则的白色或黄色斑块。瘦果卵状肾形。

花 果 期：花期夏季。

产地与分布：原产于印度、马来西亚等国。在我国广西分布于南部。

生态习性：喜光，稍耐阴，喜高温、多湿气候，耐湿，不耐旱。对土壤要求不高，喜肥沃、排水良好的壤土。

繁殖方法：扦插繁殖、高压繁殖、嫁接繁殖。

观赏特性与应用：株形下垂，姿态柔美，叶具黄白斑，是优良的庭院树、行道树、绿篱树。可盆栽于室内观赏，摆放于门庭入口处或置于书房、客厅中的沙发、座椅旁。

无花果 *Ficus carica* L.

科　　属：桑科榕属。

别　　名：蜜果、明目果。

形态特征：落叶灌木或乔木。树皮灰褐色，皮孔圆形。小枝直立，粗壮。叶互生；叶片厚纸质，广卵圆形，通常 3～5 裂，小裂片卵形，边缘具不规则钝齿；叶柄粗壮；托叶卵状披针形，红色。雌雄异株，雄花和瘿花同生于一榕果内壁，雄花生于内壁口部。榕果单生于叶腋，大，梨形，顶部凹陷，熟时紫红色或黄色，卵形；瘦果透镜状。

花 果 期：花果期 5～7 月。

产地与分布：原产于地中海沿岸。我国广西各地有分布。

生态习性：喜光，喜温暖、湿润气候，不耐寒，耐旱，不耐涝。喜土层深厚、疏松、肥沃、排水良好的砂壤土。

繁殖方法：扦插繁殖、压条繁殖、分株繁殖。

观赏特性与应用：树姿优美，枝叶繁茂，叶掌状，果味甜，可食用。可孤植、列植、对植、丛植于庭院、公园等处观赏，也可盆栽于室内观赏，兼作食用果树。

大琴叶榕 *Ficus lyrata* **Warb.**

科　　属：桑科榕属。

别　　名：琴叶橡皮树。

形态特征：多年生常绿灌木或小乔木，高可达 12 m。叶互生；叶片纸质，宽，提琴形，深绿色，表面有光泽，边缘全缘且波浪状起伏；叶脉凹陷，顶端膨大。苞片茶褐色。

产地与分布：原产于美洲热带地区。我国广西各地有栽培。

生态习性：喜温暖、湿润和阳光充足的环境，耐阴。对土壤要求不高，喜微酸性土，不耐瘠薄和碱性土。

繁殖方法：扦插繁殖、高压繁殖。

观赏特性与应用：叶形奇特，叶先端膨大呈提琴状，具较高的观赏价值，是理想的大厅内观叶植物。可用于装饰会场或办公室。园林常用作行道树或风景树。

金钱榕 *Ficus microcarpa* 'Crassifolia'

科　　属：桑科榕属。

别　　名：厚叶榕。

形态特征：多年生常绿灌木。单叶互生；叶片革质，倒卵形或椭圆形，先端圆或钝，边缘全缘，绿色。幼芽红色，具苞片。果成对腋生，矩圆形，熟时橙红色。

花 果 期：花期 5～6 月。

产地与分布：原产于我国台湾。在广西分布于南部。

生态习性：喜阳光充足，耐阴，喜温暖、湿润气候，不耐寒，冬季温度不可低于 5℃。喜肥沃、排水良好的土壤。

繁殖方法：压条繁殖、扦插繁殖、播种繁殖。

观赏特性与应用：叶片圆润，浓绿发亮，株形紧凑。常盆栽于庭院、剧院前厅、大商场入口和室内装饰。

黄金榕 *Ficus microcarpa* 'Golden Leaves'

科　　属：桑科榕属。

别　　名：金叶榕、黄叶榕、黄心榕、黄榕。

形态特征：常绿乔木，多作灌木栽培。树冠广阔。树干多分枝。单叶互生；叶片椭圆形或倒卵形，表面光滑，边缘整齐，有光泽，嫩叶金黄色，老叶深绿色。雌雄同株；花单性，球形隐头花序中雄花及雌花聚生。果熟时红色，扁球形。

花 果 期：花期 5～7 月，果期 8～9 月。

产地与分布：原产于亚洲的热带、亚热带地区。我国广西各地有分布。

生态习性：喜光，喜温暖气候，耐热，耐湿，耐旱，耐瘠，不耐阴，不耐寒。对土壤要求不高，以肥沃、排水良好的砂土为佳。

繁殖方法：播种繁殖、扦插繁殖。

观赏特性与应用：叶色金黄亮丽，耐修剪。适合作绿篱或修剪造型，可修剪成图案、文字等造型于公园、绿地观赏。

冬青科

枸骨 *Ilex cornuta* Lindl. et Paxt.

科　　属： 冬青科冬青属。

别　　名： 鸟不宿、猫儿刺。

形态特征： 常绿灌木或小乔木，高 1 ~ 4 m。幼枝具纵脊及沟。叶片厚革质，二型，四角状长圆形或卵形，先端具 3 枚尖硬刺齿，中央刺齿常反曲，基部圆形或近截形，两侧各具 1 ~ 2 枚刺齿。花序簇生于去年生枝的叶腋，花淡黄色。果球形，直径 8 ~ 10 mm，熟时鲜红色。

花　果　期： 花期 4 ~ 5 月，果期 10 ~ 12 月。

产地与分布： 原产于江苏、上海、安徽、浙江、江西、湖北、湖南等省（直辖市）。在广西分布于桂林市。

生态习性： 喜欢阳光充足、气候温暖的环境。喜排水良好的酸性肥沃土壤，耐修剪。

繁殖方法： 扦插繁殖、播种繁殖。

观赏特性与应用： 叶形奇特，碧绿光亮，四季常青，入秋后满枝红果，冬季不凋，艳丽可爱。可孤植于花坛中心，对植于前庭、路口，或丛植于草坪边缘。是很好的绿篱、盆栽和瓶插材料。

龟甲冬青 *Ilex crenata* var. *convexa* Makino

科　　属: 冬青科冬青属。

别　　名: 豆瓣冬青。

形态特征: 常绿灌木，高可达 5 m。树皮灰黑色。多分枝，小枝被灰色细毛。叶小而密；叶片椭圆形或长倒卵形，革质，腹面亮绿色，背面淡绿色，无毛；叶柄腹面具槽，背面隆起。雄花成聚伞花序，单生于当年生枝的鳞片腋内或下部叶腋，或假簇生于去年生枝的叶腋；花白色；花瓣阔椭圆形。果球形，熟后黑色。

花 果 期: 花期 5～6 月，果期 8～10 月。

产地与分布: 栽培种。广西各地有栽培。

生态习性: 喜光，稍耐阴。耐旱性较差。适合温暖、湿润气候。要求肥沃、疏松、排水良好的酸性土。

繁殖方法: 播种繁殖、压条繁殖、分株繁殖、扦插繁殖。

观赏特性与应用: 耐修剪，发枝力强，是庭院绿化的优良树种。常用作地被植物或绿篱，也可盆栽。

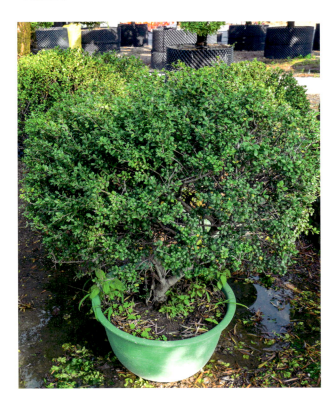

芸香科

金柑 *Citrus japonica* Thunb.

科　　属：芸香科柑橘属。

别　　名：金橘、圆金橘、圆金柑。

形态特征：常绿灌木或小乔木，高 1 ~ 3 m。单叶互生；叶片披针形至矩圆形，先端略尖或钝，基部宽楔形或近圆形，边缘全缘或具不明显的细齿。单朵花或 2 ~ 3 朵花集生于叶腋；花两性，白色，芳香。果矩圆形或卵形，金黄色，果皮肉质且厚，平滑，具许多腺点，有香味。

花　果　期：花期夏季，果期秋冬季。

产地与分布：原产于我国。广西各地有栽培。

生态习性：喜温暖、湿润气候；喜光，不耐阴，不耐寒，不宜烈日暴晒；喜水，不耐水湿。喜肥，适生于肥沃、疏松、排水良好的微酸性和中性土上。

繁殖方法：嫁接繁殖、播种繁殖。

观赏特性与应用：果实圆润，有较高的观赏价值，是南方主要的年宵花卉之一。多盆栽观赏，也可种植于林缘、园路边。

佛手 *Citrus medica* 'Fingernd'

科　　属：芸香科柑橘属。

别　　名：五指柑、佛手柑。

形态特征：常绿灌木或小乔木。茎枝具刺；新枝三棱柱形，暗紫红色。单叶互生，稀兼具单生复叶及关节；叶柄短；叶片椭圆形，先端圆或钝，稀短尖，边缘具浅钝裂齿。总状花序，兼具腋生单花；花瓣内面白色，外面紫色。果手指状肉条形，淡黄色，皮厚，果肉无色，有香味。

花　果　期：花期 4 ~ 5 月，果期 10 ~ 12 月。

产地与分布：分布于我国长江以南地区。广西各地有栽培。

生态习性：喜温暖、湿润、阳光充足的环境；不耐严寒，忌冰霜及干旱；耐阴，耐涝。适生于土层深厚、疏松、肥沃、富含腐殖质、排水良好的酸性壤土、砂壤土或黏壤土上。

繁殖方法：嫁接繁殖、扦插繁殖。

观赏特性与应用：果形奇特，呈手指状肉条形，极具观赏价值。可盆栽于室内观赏。果皮和叶含芳香油，可作调香原料。果和花可药用，具有理气和胃的功效。

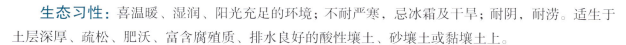

四季橘 *Citrus × microcarpa* Bunge

科　　属：芸香科柑橘属。

形态特征：常绿灌木或小乔木。叶片椭圆形，夏季叶通常倒卵状椭圆形，先端钝圆或短尖，质较厚，浓绿色。果扁圆，两端中央凹陷，顶部凹陷最明显；果皮深橙黄色至橙红色，有香味。

花　果　期：花期 4～5 月，果期 11 月至翌年 1 月。

产地与分布：杂交种。广西各地有栽培。

生态习性：喜温暖、湿润、阳光充足的环境，忌干旱。适生于肥沃、土层深厚、排水良好的微酸性土上。

繁殖方法：嫁接繁殖、播种繁殖。

观赏特性与应用：分枝多，开花结果也多，颜色鲜艳。多用于盆栽摆放陈列，特别是春节前，深受群众喜爱，增添了浓浓的年味。

九里香 *Murraya exotica* L. Mant

科　　属：芸香科九里香属。

别　　名：千里香、月橘。

形态特征：常绿灌木或小乔木，高 2 ~ 5 m。分枝多，枝条密集；嫩枝圆柱形，灰褐色，具纵皱纹。奇数羽状复叶互生，小叶 3 ~ 9 片；小叶片卵形、匙状倒卵形或近菱形，边缘全缘。聚伞花序顶生或腋生；花大而少，白色，芳香；花瓣具透明腺点。浆果近球形，橙色至朱红色。

花 果 期：花期 7 ~ 10 月，果期 10 月至翌年 2 月。

产地与分布：原产于我国南方地区。广西各地有栽培。

生态习性：喜高温、多湿的暑热气候，不耐严寒，可耐轻霜及短期低温，稍喜阴，属中性偏阴性树种。适应性极强，适宜在各种土壤上栽培。

繁殖方法：播种繁殖、扦插繁殖、压条繁殖。

观赏特性与应用：生长较慢，很适合制作各类盆景。耐修剪，适合在园林绿化中塑造各种几何形状。适应性强，可用于道路、公园、庭院、矿区的绿化。叶可药用，具有消肿毒、止疮痒、治皮疹等功效。木材材质致密坚硬，可用于雕刻。

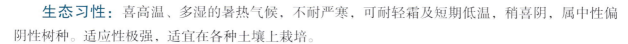

竹叶花椒 *Zanthoxylum armatum* DC.

科　　属：芸香科花椒属。

别　　名：野花椒、山花椒。

形态特征：常绿小乔木或灌木。茎枝多锐刺，红褐色。小叶对生；叶片披针形，背面中脉上常具小刺，仅背面基部中脉两侧被丛状柔毛，翼叶明显，边缘具很小且疏离的裂齿或近全缘，仅在齿缘处或沿小叶边缘具油点；小叶柄甚短或无柄。花序近腋生，同时生于侧枝顶端。果紫红色。

花　果　期：花期4~5月，果期8~10月。

产地与分布：分布于我国黄河以南地区。广西各地有栽培。

生态习性：喜阳光，不耐阴、不耐低温和湿涝，喜湿润、通风、透光的环境。适生于土层深厚、疏松的钙质土上，在排水不良的黏土和干瘠砂地上生长不良。

繁殖方法：播种繁殖。

观赏特性与应用：枝、叶、花、果都很有特色，枝、叶有长刺，花淡黄色，果紫红色。可盆栽观赏，还可药用。

琉球花椒 *Zanthoxylum beecheyanum* K. Koch

科　　属：芸香科花椒属。

别　　名：胡椒木。

形态特征：常绿灌木，高 30 ~ 90 cm。奇数羽状复叶，叶基具 2 枚短刺，叶轴具狭翼；小叶对生，小叶片倒卵形，革质，腹面浓绿色，富有光泽，全叶密生腺体。雌雄异株；雄花黄色，雌花橙红色。核果椭球形，褐绿色。种子黑色。

产地与分布：原产于日本小笠原群岛等地的高位珊瑚石灰岩滨海地区。我国长江以南地区有引种栽培。

生态习性：阳性树种，需强光照晒；耐热，耐旱，耐风，耐修剪，不耐水涝，易移植。忌霜冻，适生于肥沃的砂土上。

繁殖方法：扦插繁殖、压条繁殖。

观赏特性与应用：叶色浓绿细致，质感好，有香味，耐修剪。可作庭院绿篱，也可盆栽观赏。

楝　科

米仔兰　*Aglaia odorata* Lour.

科　　属：楝科米仔兰属。

别　　名：鱼子兰、树兰、小叶米仔兰。

形态特征：常绿灌木或小乔木，高 3 ~ 8 m。分枝多，嫩枝上覆盖星状锈色鳞片。奇数羽状复叶，叶柄和叶轴均具狭翅；小叶 3 ~ 5 片，对生，小叶片厚纸质，先端急尖，基部楔形，两面均无毛。圆锥花序腋生；花小，黄色或金黄色，形状像小米，芳香，一般 3 ~ 5 朵互生。浆果卵形或近球形，淡红色略带黄色。种子具肉质假种皮。

花 果 期：花期 5 ~ 12 月，果期 7 月至翌年 3 月。

产地与分布：原产于福建、广东、广西等地。在广西主要分布于桂西南地区及桂西地区。

生态习性：喜温暖、湿润，喜光，也耐半阴，但不耐寒。喜肥沃、排水良好的土壤。

繁殖方法：扦插繁殖、压条繁殖。

观赏特性与应用：株形紧凑，叶形秀丽，花色金黄，四季常青。常种植于公园、庭院及房前屋后，也可盆栽于室内观赏。

漆树科

清香木 *Pistacia weinmanniifolia* J. Poisson ex Franch.

科　　属：漆树科黄连木属。

别　　名：紫油木、清香树、香叶树、细叶楷木、昆明乌木、对节皮。

形态特征：常绿灌木或小乔木，高 2～8 m。全株略被黄色或棕色柔毛或微柔毛。树皮灰色。小枝具棕色皮孔。偶数羽状复叶互生，叶轴具狭翅；小叶 4～9 对，小叶片革质，长圆形或倒卵状长圆形，先端微凹，具芒刺状硬尖头，基部略不对称，阔楔形，边缘全缘，小叶柄极短。花序腋生；花小，紫红色，无梗。核果球形，熟时铜绿色、紫红色或粉红色。

产地与分布：在我国分布于云南、贵州、四川、广西等省（自治区）。缅甸也有分布。在我国广西主要分布于桂西南地区、桂西地区及桂中地区。

生态习性：喜光照充足，亦稍耐阴。喜温暖，但耐 –10℃低温。喜湿润，但不耐积水。

繁殖方法：播种繁殖。

观赏特性与应用：株形优美，适合整形，用于庭院美化；亦可作绿篱或盆栽。具浓烈的胡椒香味，可净化空气、驱蚊除蝇。木材花纹色泽美观，材质致密，不裂，不翘，不变形，可用于制作乐器、家具和木雕。

山茱萸科

花叶青木 *Aucuba japonica* 'Variegata'

科　　属：山茱萸科桃叶珊瑚属。

别　　名：洒金珊瑚、洒金桃叶珊瑚。

形态特征：常绿灌木，株高可达 3 m。小枝对生。叶片革质，卵状椭圆形或长圆状椭圆形，叶面光亮，具黄色斑纹；叶柄腹部具沟，无毛。圆锥花序顶生；雌花序为短圆锥花序，花瓣紫红色或暗紫色，雌花子房疏被柔毛，柱头偏斜；雄花花萼杯状。浆果长卵圆形，熟时暗紫色或黑色。

花 果 期：花期 3～4 月，果期 11 月至翌年 4 月。

产地与分布：原产于日本、朝鲜南部。我国广西各地有栽培。

生态习性：喜光，喜温暖、湿润气候，耐高温，也耐低温，耐阴。喜疏松、透气、肥沃的微酸性土。

繁殖方法：扦插繁殖。

观赏特性与应用：叶片黄绿相映，十分美丽。宜种植于园林的荫蔽处或树林下，也可盆栽布置厅堂、会场。

五加科

八角金盘 *Fatsia japonica* (Thunb.) Decne. et Planch.

科　　属：五加科八角金盘属。

别　　名：手树。

形态特征：常绿灌木或小乔木，高约 2 m。单叶；叶片大，长可超 20 cm，掌状开裂，革质，有光泽，腹面浓绿色，背面灰绿色，边缘具小齿。圆锥状聚伞花序顶生；花小，花瓣 5 片，黄白色或淡绿色。浆果卵形，黑色。

花 果 期：花期 10 ~ 11 月，果期翌年 4 ~ 5 月。

产地与分布：原产于日本南部。我国广西各地有栽培。

生态习性：喜温暖、湿润气候，耐阴，不耐旱，有一定抗寒性。适生于排水良好、湿润的砂壤土上。

繁殖方法：扦插繁殖、播种繁殖、分株繁殖。

观赏特性与应用：叶片掌状开裂，错落有致，是很好的观叶植物。适合盆栽，可陈列、摆放于居室、厅堂及会场，也可种植于公园、绿地、路边观赏。

鹅掌柴 *Heptapleurum heptaphyllum* (L.) Y. F. Deng

科　　属：五加科鹅掌柴属。

别　　名：鸭母树、鸭脚木。

形态特征：常绿灌木或小乔木，高 2 ~ 15 m。分枝多，枝条紧密。掌状复叶；小叶 5 ~ 8 片，小叶片纸质，长卵圆形或倒卵状椭圆形，稀椭圆状披针形，先端急尖或短渐尖，稀圆形，基部渐狭，楔形或钝，边缘全缘。圆锥花序顶生，花白色。果球形。

花　果　期：花期 11 ~ 12 月，果期 12 月。

产地与分布：产于我国广西。在我国分布于台湾、广东、广西、福建。南美洲亚热带雨林地区及日本、越南、印度等国也有分布。

生态习性：喜温暖、湿润、半阳的环境，对光照的适应范围广，在全日照、半日照或半阴环境中均能生长。宜生于土层深厚、肥沃的酸性土上，稍耐贫瘠。

繁殖方法：扦插繁殖、播种繁殖。

观赏特性与应用：习性强健。可孤植或丛植于路边、石边或水岩边，也可盆栽于室内观赏。叶及根可药用，用于治疗流感、跌打损伤。

福禄桐 *Polyscias fruticosa* (L.) Harms

科　　属：五加科南洋参属。

别　　名：南洋参。

形态特征：常绿灌木，高 1～2 m。全株满布皮孔，有时具黑色斑块。分枝柔软而低垂。叶互生，奇数羽状复叶；小叶 3～4 对，对生，具短柄，小叶片卵状椭圆形或圆形，先端钝或短尖，基部渐狭尖，绿色，有光泽，通常具白边，边缘具疏齿。伞形花序；花小，淡白绿色。

花　果　期：花期夏季，果期秋季。

产地与分布：原产于太平洋诸岛。我国广东、广西、福建、台湾等省（自治区）有引种栽培。

生态习性：喜温暖、湿润和阳光充足的环境，耐半阴，不耐寒，忌积水，忌干旱，忌强烈阳光直射。适生于疏松、肥沃、排水良好的砂土上。

繁殖方法：扦插繁殖。

观赏特性与应用：叶色翠绿，错落有致，是很好的半阴生观叶植物。可盆栽及用于庭院绿化。

辐叶鹅掌柴 *Schefflera actinophylla* (Endl.) Harms

科　　属：五加科南鹅掌柴属。

别　　名：澳洲鸭脚木、昆士兰伞木。

形态特征：常绿乔木或灌木，高可达 30 m。树干平滑。掌状复叶具长柄，丛生于枝条顶端；小叶 3～16 片，小叶片革质，长椭圆形，先端突尖，浓绿色，有光泽。圆锥花序，花小。

花　果　期：花期夏季。

产地与分布：原产于澳大利亚昆士兰州及东南亚热带地区。我国广西各地有引种栽培。

生态习性：喜温暖、湿润气候。喜排水良好的砂壤土。

繁殖方法：播种繁殖、扦插繁殖。

观赏特性与应用：叶大，株形美观，终年常绿。可作行道树或风景树，也可盆栽于大型厅堂或门廊两侧观赏。

杜鹃花科

科　　属： 杜鹃花科吊钟花属。

别　　名： 铃儿花。

形态特征： 灌木或小乔木，高 1～4 m。树皮灰黄色。多分枝，枝圆柱形，无毛。叶常集生于枝顶，互生；叶片革质，两面均无毛，长圆形或倒卵状长圆形，边缘具细齿；叶柄圆柱形，灰黄色，无毛。花通常组成伞房花序；花冠宽钟形，粉红色或红色。蒴果椭球形，淡黄色；果梗直立，粗壮，绿色，无毛。

花　果　期： 花期 3～5 月，果期 5～7 月。

产地与分布： 产于江西、福建、湖北、湖南、广东、广西、四川、贵州、云南等省（自治区）。在广西分布于贺州市和金秀、融水、田林、隆林、容县、东兴、大新等县（市）。

繁殖方法： 扦插繁殖。

生态习性： 喜阴，不耐强光，喜温暖、湿润气候。在排水良好、疏松、富含有机质的壤土上生长较好。

观赏特性与应用： 花悬吊似钟铃，美而独特。宜种植于林下观赏，也可用于盆栽、插花或切花。

马缨杜鹃 *Rhododendron delavayi* Franch.

科　　属：杜鹃花科杜鹃花属。

别　　名：马缨花、马鼻缨。

形态特征：常绿灌木或小乔木，高可达 12 m。树皮淡灰褐色，薄片状剥落。幼枝粗壮，被白色茸毛，后脱落无毛。顶生冬芽卵圆形，淡绿色。叶片革质，长圆状披针形，先端钝尖或急尖，基部楔形，边缘反卷，腹面深绿色至淡绿色；叶柄圆柱形。顶生伞形花序圆形，紧密，具 10～20 朵花；花序梗密被红棕色茸毛；花梗密被淡褐色茸毛；苞片倒卵形，具短尖头，两面均被绢状毛；花萼小，长约 2 mm，外面具茸毛和腺体，裂片 5 枚，宽三角形；花冠钟形，肉质，深红色，裂片 5 枚，顶端具缺刻；雄蕊 10 枚，不等长，花丝无毛，花药长圆形；子房圆锥形，密被红棕色毛，花柱无毛，柱头头状。蒴果长圆柱形，黑褐色。

花 果 期：花期 4～6 月，果期 9～11 月。

产地与分布：产于广西西北部、四川西南部、贵州西部、云南、西藏南部。

繁殖方法：扦插繁殖、压条繁殖、嫁接繁殖。

生态习性：喜凉爽、湿润气候，不耐高温、强光。宜种植于富含腐殖质、疏松、排水良好、湿润的微酸性土上。

观赏特性与应用：萌发力强，耐修剪，根桩奇特，是优良的盆景材料。宜片植于林缘、溪边、池畔及岩石旁，也可散植于疏林下。

杂种杜鹃 *Rhododendron hybrida* Hort.

科　　属：杜鹃花科杜鹃花属。

别　　名：比利时杜鹃、西鹃、西洋杜鹃。

形态特征：常绿灌木。树冠紧密。分枝多，半张开；幼枝青色，密被黄棕色伏贴毛。叶集生于枝顶，互生；叶片纸质，厚实，幼叶青色，成熟叶浓绿色，背面泛白，自然脱落后褐色，椭圆形至椭圆状披针形，先端急尖，具短尖头，基部楔形，表面被淡黄色伏贴毛，毛少，背面淡绿色，疏被黄色伏贴毛。先叶后花，顶生总状花序具 1～3 朵花，簇生；花梗密被白色扁平毛；花萼 5 裂，裂片披针形，边缘被睫状毛，外面密被与花梗相同的毛；花冠阔漏斗形，裂片 5 枚，宽卵形；花柱无毛，子房密被白色糙毛，6 室；雄蕊瓣化。

花 果 期：全年有花，冬春季为盛花期。

产地与分布：园艺杂交种。广西各地有引种栽培。

繁殖方法：扦插繁殖、压条繁殖、嫁接繁殖。

生态习性：喜凉爽、湿润气候，不耐高温、强光。宜种植于富含腐殖质、疏松、排水良好、湿润的微酸性土上。

观赏特性与应用：株形美观，叶小浓绿，开花繁茂。常盆栽点缀酒店、会议室、小庭院等公共场所的入口处。

羊踯躅 *Rhododendron molle* (Blum) G. Don

科　　属：杜鹃花科杜鹃花属。

别　　名：闹羊花、黄杜鹃、六轴子、羊不食草。

形态特征：落叶灌木，高 0.5 ~ 2 m。分枝稀疏，枝条直立；幼时密被灰白色柔毛及疏刚毛。叶片纸质，长圆形至长圆状披针形，先端钝，具短尖头，基部楔形，边缘被睫毛，幼时腹面被微柔毛，背面密被灰白色柔毛；叶柄被柔毛和少数刚毛。总状伞形花序顶生，花多达 13 朵，花先叶开放或与叶同放；花梗被微柔毛及疏刚毛；花萼裂片小，圆齿形，被微柔毛和刚毛状睫毛；花冠阔漏斗形，黄色或金黄色，内具深红色斑点，裂片 5 枚；雄蕊 5 枚，不等长，长不超过花冠，花丝扁平，中部以下被微柔毛；子房圆锥形，密被灰白色柔毛及疏刚毛，花柱长可达 6 cm，无毛。蒴果圆锥状长圆形。

花　果　期：花期 3 ~ 5 月，果期 7 ~ 9 月。

产地与分布：主要分布于华南地区。在广西分布于桂林市和钟山、金秀、罗城、凌云等县。

繁殖方法：播种繁殖。

生态习性：喜凉爽、湿润气候，不耐高温、强光。宜种植于富含腐殖质、疏松、排水良好、湿润的微酸性土上。

观赏特性与应用：花色金黄夺目。宜片植于林缘、溪边、池畔及岩石旁，也可散植于疏林下。

锦绣杜鹃 *Rhododendron × pulchrum* Sweet

科　　属：杜鹃花科杜鹃花属。

别　　名：毛鹃、鲜艳杜鹃。

形态特征：常绿或半常绿灌木，高 2～3 m。幼枝密被淡棕色扁平糙伏毛。叶片椭圆形或椭圆状披针形，长 2～6 cm，先端钝尖，基部楔形，腹面初被伏毛，后近无毛，背面被微柔毛及糙伏毛；叶柄长 4～6 mm，被糙伏毛。花芽芽鳞沿中部被淡黄褐色毛，内具黏质；伞形花序顶生，具 1～5 朵花；花梗长 0.8～1.5 cm，被红棕色扁平糙伏毛；花萼 5 裂，裂片披针形，长 0.8～1.2 cm，被糙伏毛；花冠漏斗形，玫瑰色，具深紫红色斑点，5 裂；雄蕊 10 枚，花丝下部被柔毛；子房被糙伏毛，花柱无毛。

花 果 期：花期 4～5 月，果期 9～10 月。

产地与分布：著名栽培种，未见野生。主要分布于华南地区。在广西分布于南宁、桂林等市和浦北等县。

繁殖方法：扦插繁殖。

生态习性：喜凉爽、湿润气候，不耐高温、强光。宜种植于富含腐殖质、疏松、排水良好、湿润的微酸性土上。

观赏特性与应用：花多而艳。可种植于庭院、花坛中，或散植或片植于疏林下，修剪成型，也可盆栽于室内观赏。

杜鹃 *Rhododendron simsii* Planch.

科　　属：杜鹃花科杜鹃花属。

别　　名：映山红、照山红、野山红。

形态特征：落叶灌木，高可达 5 m。分枝多而纤细，密被亮棕褐色扁平糙伏毛。叶常集生于枝顶；叶片革质、卵形、椭圆状卵形或倒卵形至倒披针形，先端短渐尖，基部楔形或宽楔形，边缘微反卷，具细齿；叶柄长，密被亮棕褐色扁平糙伏毛。花芽卵球形，边缘被睫毛；花簇生于枝顶；花梗密被亮棕褐色糙伏毛；花萼 5 深裂，裂片三角状长卵形，被糙伏毛，边缘被睫毛；花冠阔漏斗形，玫瑰色、鲜红色或暗红色，裂片 5 枚，倒卵形，上部裂片具深红色斑点；雄蕊 10 枚，长约与花冠相等，花丝线形，中部以下被微柔毛；子房卵球形，10 室，密被亮棕褐色糙伏毛，花柱伸出花冠外，无毛。蒴果卵球形，密被糙伏毛；花萼宿存。

花 果 期：花期 3~5 月，果期 6~8 月。

产地与分布：产于华南地区。广西各地有分布。

繁殖方法：播种繁殖、扦插繁殖、嫁接繁殖。

生态习性：喜凉爽、湿润气候，不耐高温、强光。宜种植于富含腐殖质、疏松、排水良好、湿润的微酸性土上。

观赏特性与应用：株形紧凑饱满，花美而艳。可种植于庭院、花坛中，或散植或片植于疏林下，修剪成型，也可盆栽于室内观赏。

山榄科

神秘果 *Synsepalum dulcificum* Daniell

科　　属：山榄科神秘果属。

别　　名：梦幻果、奇迹果。

形态特征：常绿灌木，高 2～4 m，尖塔形。茎枝光滑，幼枝红褐色。叶丛生于枝顶或在主干互生；叶片倒披针形或倒卵形，革质，深绿色，有光泽，边缘微波浪形；羽状脉。花生于叶腋；花小，白色，花瓣 5 片。果鲜红色，形似蜜枣。种子 1 粒，扁椭球形，具浅沟。

花 果 期：花期 2～5 月，果期 4～7 月。

产地与分布：原产于非洲西部和刚果等地。我国广西有引种栽培。

生态习性：喜高温、高湿气候，不耐寒，喜半阴。喜 pH 值为 4.5～5.5 的砂壤土。

繁殖方法：播种繁殖、扦插繁殖、高压繁殖。

观赏特性与应用：株形矮小，枝叶紧凑，果红艳可爱。可作盆景，适合孤植或丛植于公园、庭院等。

紫金牛科

朱砂根 *Ardisia crenata* Sims

科　　属： 紫金牛科紫金牛属。

别　　名： 富贵籽、大罗伞、金玉满堂。

形态特征： 常绿灌木，高 1～2 m。茎粗壮，无分枝，无毛。叶片革质或坚纸质，椭圆形、椭圆状披针形或倒披针形，先端急尖或渐尖，基部楔形，边缘具皱波状齿或波状齿，具边缘腺点，叶面光滑，两面均无毛，有时背面具极小的鳞片。伞形花序或聚伞花序侧生或腋生；花瓣白色或粉红色，微香。果球形，鲜红色，具腺点。

花 果 期： 花期 5～6 月，果期 10～12 月。

产地与分布： 原产于西藏东南部至台湾、湖北至海南地区。广西各地有分布。

生态习性： 喜温暖、湿润、荫蔽、通风良好的环境，不耐干旱、贫瘠、暴晒和水湿。对土壤要求不高，但在土层疏松、湿润、排水良好、有荫蔽和富含腐殖质的酸性或微酸性砂壤土或壤土上生长良好。

繁殖方法： 播种繁殖、扦插繁殖、压条繁殖。

观赏特性与应用： 果实多，颜色红艳，挂果期长。可盆栽观果，也可搭配山石种植或作成片地被植物，常被当作年宵花卉的首选植物。

矮紫金牛 *Ardisia humilis* Vahl

科　　属：紫金牛科紫金牛属。

别　　名：大叶春不老。

形态特征：常绿灌木，高 1～2 m。茎粗壮，无毛，具皱纹。叶片革质，倒卵形或椭圆状倒卵形，稀倒披针形，先端广急尖至钝，基部楔形，微下延，边缘全缘。由多数亚伞形花序或伞房花序组成圆锥花序，着生于粗壮的侧生花枝顶端；花瓣粉红色或紫红色。果球形，暗红色至紫黑色，具腺点。

花　果　期：花期 3～4 月，果期 11～12 月。

产地与分布：原产于广东及海南。在广西分布于桂林市和邕宁、融水、苍梧、藤县、岑溪、上思、灵山、浦北、平南、博白、昭平、凤山、金秀等县（区、市）。

生态习性：喜温暖、湿润及阳光充足的环境。耐热，耐贫瘠，不耐寒。不择土壤。

繁殖方法：播种繁殖、扦插繁殖。

观赏特性与应用：果实鲜艳可爱，经久不落。可作林下地被植物或盆栽观赏，也可与岩石相配作小盆景。

虎舌红 *Ardisia mamillata* Hance

科　　属：紫金牛科紫金牛属。

别　　名：红毛毡、毛凉伞、老虎脷。

形态特征：常绿小灌木，高 15～35 cm。幼枝密被锈色卷曲长柔毛，后无毛。叶互生或簇生于茎顶；叶片坚纸质，倒卵形或长圆状倒披针形，边缘具腺点，两面均绿色或暗紫红色，被锈色或紫红色糙伏毛，毛基部隆起如小瘤，具腺点。伞形花序顶生或腋生，花瓣粉红色。核果球形，鲜红色，稍具腺点。

花 果 期：花期 6～7 月，果期 11 月至翌年 6 月。

产地与分布：原产于四川、贵州、云南、湖南、广西、广东、福建。广西各地有分布。

生态习性：耐阴，喜温暖、湿润气候。喜肥沃、疏松、排水良好的微酸性土。

繁殖方法：播种繁殖、扦插繁殖、嫁接繁殖。

观赏特性与应用：株形紧凑，果、叶可全年观赏。可作室内盆栽，也可群植于林下或山石旁。可药用，具有清热利湿、活血止血、去腐生肌的功效。

山矾科

山矾 *Symplocos sumuntia* Buch.-Ham. ex D. Don

科　　属：山矾科山矾属。

别　　名：芸香、七里香。

形态特征：常绿灌木或小乔木。嫩枝褐色，无毛。叶片薄革质，卵形、窄倒卵形、倒披针状椭圆形，边缘具浅齿或波状齿；腹面中脉凹陷，侧脉和网脉在两面均突起，侧脉4~6对。总状花序被展开的柔毛；苞片早落，密被柔毛；花冠白色，5深裂几乎达基部。核果卵状坛形，黄绿色，外果皮薄而脆。

花　果　期：花期2~3月，果期6~7月。

产地与分布：原产于我国长江以南地区。尼泊尔、不丹、印度等国也有分布。在我国广西分布于兴安、临桂、全州、永福、龙胜、资源、金秀、合浦、防城、上思、田阳、凌云、乐业等县（区）。

生态习性：喜温暖、湿润气候，耐阴，抗寒性较强，在肥沃、深厚的黄棕壤或黄壤上生长良好。

繁殖方法：播种繁殖、扦插繁殖。

观赏特性与应用：四季青翠，花多，色白且香。可用于庭院、厂矿、山地绿化，宜孤植或丛植于草地、路边及庭院。果实可榨油作润滑油。木材坚韧，可制家具或其他工具。

马钱科

灰莉 *Fagraea ceilanica* Thunb.

科　　属：马钱科灰莉属。

别　　名：非洲茉莉、华灰莉。

形态特征：常绿灌木或乔木，高可达 15 m，全株无毛。小枝灰白色，粗壮，圆柱形，具叶痕。叶对生；叶片革质，稍肉质，椭圆形或倒卵状椭圆形，先端突尖，边缘全缘，腹面暗绿色。二歧聚伞花序直立，顶生，具 1～3 朵花，具极短的总花梗；花冠白色，漏斗形，芳香，裂片 5 枚。种子椭圆状肾形，长 3～4 mm，藏于果肉中。

花　果　期：花期 5 月，果期 7 月至翌年 3 月。

产地与分布：产于我国广西那坡县。在我国分布于台湾、海南、广东、广西和云南南部。印度、缅甸、泰国、越南等国也有分布。

生态习性：喜温暖、湿润气候，不耐寒。对土壤要求不严，但在疏松、肥沃、排水良好的壤土上生长最佳。

繁殖方法：播种繁殖、扦插繁殖。

观赏特性与应用：枝叶茂密，花大而芳香，是良好的庭院观赏植物。可作室内大型盆栽。

木犀科

茉莉花 *Jasminum sambac* (L.) Aiton

科　　属：木犀科素馨属。

别　　名：茉莉。

形态特征：直立或攀缘灌木，高约 1 m。小枝圆柱形或稍压扁，有时中空，疏被柔毛。单叶对生；叶片纸质，圆形、椭圆形、卵状椭圆形或倒卵形，两端圆或钝，基部有时微心形。聚伞花序顶生，通常具 3 朵花，极芳香；花萼无毛或疏被短柔毛，裂片线形；花冠白色。果球形，紫黑色。

花 果 期：花期 5~8 月，果期 7~9 月。

产地与分布：原产于印度、巴基斯坦、伊朗等国。我国广西各地有栽培。

生态习性：喜温暖、湿润气候。在通风良好、半阴的环境中生长最好。

繁殖方法：扦插繁殖、压条繁殖。

观赏特性与应用：叶色翠绿，花色洁白，香味浓郁，为常见的庭院及盆栽观赏芳香花卉。多用作盆栽、花篱，还可加工成花环等装饰品。花可提取茉莉花油。兼具观赏价值与药用价值。

夹竹桃科

沙漠玫瑰 *Adenium obesum* (Forssk.) Roem. & Schult.

科　　属：夹竹桃科沙漠玫瑰属。

别　　名：天宝花、小夹竹桃。

形态特征：多年生落叶肉质灌木或小乔木，高 1 ~ 2 m。具透明乳汁。茎粗壮。单叶互生，集生于枝顶；叶片倒卵形至椭圆形，边缘全缘，先端钝，具短尖，肉质，近无柄。顶生总状花序；花钟形，玫红色、粉红色、白色及复色。角果。

花 果 期：花期 4 ~ 11 月，果期 7 ~ 10 月。

产地与分布：原产于非洲的肯尼亚、坦桑尼亚。我国广西各地有引种栽培。

生态习性：喜高温、干燥和阳光充足的环境，耐酷暑，不耐寒，不耐阴，忌水涝。喜富含钙质、透气疏松、排水良好的砂壤土。

繁殖方法：扦插繁殖、压条繁殖、播种繁殖。

观赏特性与应用：花色多样，五彩缤纷，株形优雅，是优良的观花灌木。多盆栽或园景种植。

软枝黄蝉 *Allamanda cathartica* L.

科　　属：夹竹桃科黄蝉属。

别　　名：大花软枝黄蝉、黄莺花。

形态特征：半蔓性常绿灌木。具乳汁。枝柔软，弯垂。叶 3 ~ 5 片轮生或对生。花冠黄色，漏斗形，花冠筒基部不膨大，喉部具白色斑点。蒴果球形，直径约 3 cm，具长刺。

花　果　期：花期 4 ~ 8 月，果期 10 ~ 12 月。

产地与分布：原产于巴西。我国广东、广西、海南、台湾有分布，广西各地有栽培。

生态习性：喜高温、高湿气候，不耐寒，忌霜冻，喜光，稍耐半阴。喜肥沃、湿润的土壤，较耐水湿。

繁殖方法：扦插繁殖、压条繁殖。

观赏特性与应用：花黄色，艳丽夺目，根系发达，可种植于河岸护坡或水土流失严重的地区，也可盆栽于室内观赏。乳汁有毒，切勿触摸。

黄蝉 *Allamanda schottii* Pohl

科　　属：夹竹桃科黄蝉属。

别　　名：黄兰蝉。

形态特征：常绿直立灌木，高 1 ~ 2 m，具乳汁。叶 3 ~ 5 片轮生；叶片椭圆形或倒披针状矩圆形，边缘全缘，被短柔毛，先端渐尖或急尖，基部楔形，腹面深绿色，背面浅绿色。聚伞花序顶生，常数个聚生；花冠橙黄色，内面具红褐色条纹，顶端 5 裂，状如喇叭。蒴果球形，直径约 3 cm，具长刺。

花 果 期：花期 5 ~ 8 月，果期 10 ~ 12 月。

产地与分布：原产于巴西。在我国分布于华南地区，广西各地有栽培。

生态习性：喜高温、高湿气候，不耐寒，忌霜冻；喜光，稍耐半阴。喜肥沃、湿润的砂土，在黏重土上生长较差，在贫瘠土上不宜生长。较耐水湿。萌芽力强，耐修剪。

繁殖方法：扦插繁殖、压条繁殖、播种繁殖。

观赏特性与应用：发枝多，耐修剪，花艳丽，可种植于绿化带或片植、丛植。根系发达，是护坡、护岸的优良树种。可作造型树或盆栽于室内观赏。乳汁有毒，切勿触摸。

夹竹桃 *Nerium oleander* L.

科　　属： 夹竹桃科夹竹桃属。

别　　名： 柳叶桃、半年红。

形态特征： 常绿灌木，高可达5 m，具白色乳汁。枝条灰绿色，无毛。叶3～4片轮生，下部的叶对生；叶片窄披针形，先端急尖，基部楔形，边缘反卷。聚伞花序顶生，着花数朵；花冠深红色或白色，芳香，花冠筒内面被长柔毛，冠筒喉部的副花冠鳞片状，顶端多次撕裂，裂片线形；花有单瓣、重瓣。

花 果 期： 花期全年，栽培稀结实。

产地与分布： 原产于印度、伊朗。在我国分布于华南地区，广西各地有栽培。

生态习性： 喜温暖，不耐严寒。喜光照，耐烈日高温，亦较耐阴。根系发达，生长特别快。抗强风，抗尘埃，抗毒气。适应性特别强，几乎在任何土壤上都能生长；几乎无病虫害。

繁殖方法： 扦插繁殖。

观赏特性与应用： 花多，花期长。除用于园林绿化外，还可用于高速公路、铁路的隔离带、防护带及台风多发区、矿区、石山地区的绿化种植。

狗牙花 *Tabernaemontana divaricata* (L.) R. Br. ex Roem. & Schult.

科　　属：夹竹桃科狗牙花属。

别　　名：白狗牙、豆腐花、狮子花。

形态特征：常绿灌木，高约3 m。除萼片被缘毛外，全株无毛。单叶对生；叶片坚纸质，椭圆形至长椭圆形，先端渐尖，基部楔形。聚伞花序腋生，通常双生，着花6~10朵；花大，直径4~5 cm；花蕾顶部长圆状急尖；花萼裂片内面基部具腺体；花冠白色，边缘皱褶，长约2 cm，花冠筒喉部具5个腺体。蓇葖果长圆形，叉开或外弯，长2.5~7.0 cm。

花　果　期：花期6~11月，果期秋季。

产地与分布：原产于云南，广西南宁、桂林、梧州等市和龙州、凌云、乐业、合浦、浦北等县有栽培。

生态习性：喜高温、高湿气候，抗寒性较弱；喜半阴地，耐荫蔽，全光照下亦生长良好。耐水湿，忌贫瘠，在黏重土上生长较差，在贫瘠土壤上不宜生长，不耐旱。

繁殖方法：扦插繁殖。

观赏特性与应用：叶色青翠，花朵洁白、芳香，发枝多，耐修剪，易造型。特别适合种植于路边、水岸边、亭台旁或庭院。

黄花夹竹桃 *Thevetia peruviana* (Pers.) K. Schum.

科　　属：夹竹桃科黄花夹竹桃属。

别　　名：黄花状元竹、酒杯花。

形态特征：常绿灌木或小乔木，高 5 ~ 6 m，具乳汁。树皮褐色。枝柔软，嫩时绿色。单叶互生；叶片线状披针形或线形，边缘全缘，叶脉羽状，无柄。聚伞花序顶生；花冠黄色，漏斗形，花冠筒喉部具 5 枚被毛的鳞片。核果扁三角形，直径约 3 cm，鲜时绿色，干时黑色。

花 果 期：花期 5 ~ 12 月，果期 8 月至翌年春季。

产地与分布：原产于美洲热带地区。我国广西南宁、柳州、桂林、梧州等市和灵山、合浦、龙州、凭祥等县（市）有栽培。

生态习性：喜高温、高湿气候，耐寒性差，忌霜冻。喜光，耐烈日高温，也耐半阴。喜肥，但对土壤要求不高。根系较浅，不耐干旱，但较耐水湿。萌芽力强，耐修剪。抗性强，少有病虫害。

繁殖方法：扦插繁殖、播种繁殖。

观赏特性与应用：花期长，花色明艳。可用于园林花卉配植，亦适合种植于庭院、公园、道路、水滨、围篱等处。

萝藦科

马利筋 *Asclepias curassavica* L.

科　　属：萝藦科马利筋属。

别　　名：金凤花、莲生桂子花、芳香草。

形态特征：亚灌木，高 60 ~ 100 cm，无毛，具白色乳汁。单叶对生；叶片披针形或椭圆状披针形，先端短尖或急尖，基部楔形。聚伞花序顶生或腋生，具长总花梗；花冠轮状，5 深裂，朱红色，副花冠 5 枚，金黄色。蓇葖果剌刀形，顶部渐尖。

花 果 期：花期 5 ~ 8 月，果期 8 ~ 12 月。

产地与分布：原产于美洲热带地区。我国华南地区有栽培。在我国广西分布于南宁、柳州、桂林、梧州、百色等市和合浦、博白、凤山、罗城、都安、宁明、龙州、天等等县。

生态习性：喜向阳、通风、干燥的环境。对土壤的适应性强，几乎不择土壤。

繁殖方法：播种繁殖。

观赏特性与应用：花色艳丽，花期长。在园林绿化中可用于花坛营造，也是很好的引蝶植物。具有药用价值。

钝钉头果 *Gomphocarpus physocarpus* E. Mey

科　　属：萝藦科钉头果属。

别　　名：唐棉、风船唐棉、钉头果、棒头果、气球果。

形态特征：常绿灌木，高 1 ~ 2 m，具白色乳汁。枝条纤细，似柳枝。叶对生；叶片长 5 ~ 10 cm，狭披针形，近光滑，形似柳叶，腹面浓绿色，背面淡绿色。聚伞花序腋生，具 5 ~ 10 朵花，白色；裂片反卷，似蝴蝶。蓇葖果表皮被粗毛，鼓胀成卵球形，中空无果肉。种子附生银白色绢毛，易随风飘散。

花 果 期：花期 6 ~ 10 月，果期 10 ~ 12 月。

产地与分布：原产于南非。我国广东、广西、海南有栽培。

生态习性：喜温暖、湿润和阳光充足的环境，稍耐阴，不耐寒，耐旱。

繁殖方法：扦插繁殖、播种繁殖。

观赏特性与应用：花期很长，在秋冬季节能花果并存，是一种很好的盆栽观赏植物。切枝是插花的上好材料。

茜草科

虎刺 *Damnacanthus indicus* (L.) Gaertn. F.

科　　属： 茜草科虎刺属。

别　　名： 绣花针、黄脚鸡、刺虎。

形态特征： 常绿灌木，高 0.3 ~ 1 m。幼枝密被硬毛；节上托叶腋常生针刺，刺长 0.4 ~ 2 cm。叶片卵形、心形或圆形，先端锐尖，基部常歪斜，边缘全缘；中脉隆起，侧脉极细；叶柄长约 1 mm，被柔毛；托叶脱落。花 1 ~ 2 朵生于叶腋，有时在顶部叶腋由 6 朵花组成具短花序梗的聚伞花序；花梗长 1 ~ 8 mm；苞片 2 枚，披针形或线形；花萼钟形；花冠白色，筒状漏斗形。核果红色，近球形。

花　果　期： 花期 3 ~ 5 月，果期 11 ~ 12 月。

产地与分布： 产于我国广西桂林、柳州、钦州等市。分布于我国西藏、四川、广西、广东、湖北、江苏、台湾等省（自治区）。印度北部有分布。

生态习性： 较耐阴，喜散射光充足。喜湿，忌涝。忌温差过大，不耐寒。喜较肥沃、微酸性的砂土或黏土。

繁殖方法： 播种繁殖、扦插繁殖。

观赏特性与应用： 株形矮挺，枝多节状，自然成云片状。可用于制作山水盆景，也可作地被植物或矮绿篱。肉质根具有祛风利湿、活血止痛的功效。

栀子 *Gardenia jasminoides* **Ellis**

科　　属： 茜草科栀子属。

别　　名： 黄栀子、白蟾、山栀子。

形态特征： 常绿灌木，高 1~2 m。小枝绿色，丛生，幼时被细毛。叶对生，稀 3 片轮生；叶片革质，长圆状披针形、倒卵状长圆形、倒卵形或椭圆形，先端渐尖、骤然长渐尖或短尖而钝，基部楔形或短尖，两面均无毛，腹面亮绿色，背面较暗。花单生于枝顶或叶腋，白色，芳香浓郁；花冠高脚碟形，花药露出。果卵形、近球形、椭球形或长圆形，黄色或橙红色。

花 果 期： 花期 3~7 月，果期 5 月至翌年 2 月。

产地与分布： 原产于我国。长江以南地区有栽培。广西各地有栽培。

生态习性： 喜光，耐阴，在荫蔽条件下叶色浓绿，但开花稍差。喜温暖、湿润气候，耐热，稍耐寒。喜肥沃、排水良好的酸性轻黏土。

繁殖方法： 扦插繁殖。

观赏特性与应用： 叶色油绿且有光泽，四季常青，是优良的切叶材料。果可提炼天然黄色素，广泛应用于食品、化工等行业。花、叶、根、果皆可药用，具有清热利尿、凉血、降血压等功效。抗烟尘、二氧化硫，具有净化大气的作用。因其耐修剪，主要用于色块苗配植和围篱、造型等，是值得推广种植的园林花卉品种。

长隔木 *Hamelia patens* Jacq.

科　　属：茜草科长隔木属。

别　　名：希美莉、醉娇花、希茉莉。

形态特征：多年生常绿灌木，高 2 ~ 4 m，具白色乳汁。叶通常 3 片轮生；叶片椭圆状卵形至长圆形，长 7 ~ 20 cm，先端短尖或渐尖。聚伞花序具 3 ~ 5 个放射状分枝；花无梗；花冠橙红色，冠管狭圆筒形，长 1.8 ~ 2 cm；雄蕊稍伸出花冠外。浆果卵球形，直径 6 ~ 7 mm，暗红色或紫色。

花果期：花期几乎全年。

产地与分布：原产于巴拉圭等南美洲国家，我国南部和西南地区有栽培。在我国广西主要分布于西南地区。

生态习性：喜高温、高湿、阳光充足的环境，不耐寒，耐炎热，生长适宜温度为 15 ~ 30℃，在 35 ~ 40℃也生长良好，耐修剪。对土壤要求不高，以排水性好、保水性好的微酸性砂壤土为佳。

繁殖方法：扦插繁殖。

观赏特性与应用：花期长，花秀丽可爱，是优良的观花灌木。适作墙边、路边、坡地绿化，也可种植于花坛、岩石园等处观赏。

大王龙船花 *Ixora casei* 'Super King'

科　　属：茜草科龙船花属。

别　　名：大王仙丹。

形态特征：常绿灌木，高 1 ~ 2 m。单叶对生；叶片质薄，倒卵状披针形或长椭圆形，先端渐尖，基部楔形，绿色，边缘全缘，中脉明显，微下凹；具短柄。聚伞花序顶生，直径在 15 cm 以上；花冠猩红色，裂片披针形，先端短尖，高脚碟形。核果球形。

花　果　期：花期秋季。

产地与分布：原产于我国南部和东南亚各国。

生态习性：喜日照充足、湿润、炎热的环境，不耐低温，适宜生长温度为 23 ~ 32℃。喜排水良好、保肥性能好的酸性土，最佳栽培土质是富含有机质的壤土或腐殖质壤土，如土壤偏碱性则生长受阻，发育不良。

繁殖方法：扦插繁殖、播种繁殖。

观赏特性与应用：株形紧凑，四季常绿，花色鲜红美丽，花期长。可用于切花和盆栽，露地种植则常应用于庭院、宾馆、生活小区、路旁及风景区，作花坛、花带及开花绿篱。

龙船花 *Ixora chinensis* Lam.

科　　属：茜草科龙船花属。

别　　名：英丹、仙丹花、山丹、水绣球、百日红。

形态特征：常绿小灌木，高 0.5 ～ 2 m。叶对生；叶片薄革质，披针形、长圆状披针形至长圆状倒披针形，长 6 ～ 13 cm，宽 3 ～ 4 cm，先端钝或圆，基部短尖或圆，边缘全缘；叶柄极短而粗或无。聚伞花序顶生，多花，具短总花梗，总花梗长 5 ～ 15 mm；花冠高脚碟形，红色或红黄色，顶端钝或圆。浆果近球形，熟时红黑色。

花　果　期：花期 5 ～ 7 月。

产地与分布：原产于中国、缅甸和马来西亚。在中国主要分布于福建、广东、香港、广西、海南。越南、菲律宾、马来西亚、印度尼西亚等国也有分布。在中国广西分布于南宁、柳州等市和苍梧、岑溪、合浦、防城、东兴、博白、凌云等县（区、市）。

生态习性：适宜高温、日照充足的环境，耐半阴，不耐寒，当温度低于 10℃后，生理活性降低，生长缓慢；当温度低于 0℃时，会产生冻害。喜酸性土。

繁殖方法：扦插繁殖、播种繁殖。

观赏特性与应用：在园林中应用广泛，孤植、丛植、列植、片植各有特色，亦可盆栽或作绿篱。茎叶可用于治疗跌打损伤、瘀血肿痛。

滇丁香 *Luculia pinceana* Hook.

科　　属: 茜草科滇丁香属。

别　　名: 丁香、藏丁香。

形态特征: 灌木或乔木,高 2 ~ 10 m。多分枝,小枝具明显的皮孔。叶片纸质,长圆形、长圆状披针形或广椭圆形,长 5 ~ 22 cm,宽 2 ~ 8 cm,先端短渐尖或尾状渐尖,基部楔形或渐狭,边缘全缘;叶柄长 1 ~ 3.5 cm,无毛或被柔毛。伞房状聚伞花序顶生,多花。蒴果近圆筒形或倒卵状长圆形,具棱,长 1.5 ~ 2.5 cm,直径 0.5 ~ 1 cm。种子两端具翅,连翅长约 4 mm。

花 果 期: 花果期 3 ~ 11 月。

产地与分布: 产于我国广西河池市和田阳、德保、靖西、那坡、凌云、乐业、平果、天等等县(区、市)。分布于我国广西、贵州、云南和西藏等省(自治区)。印度、尼泊尔、缅甸、越南等国也有分布。

生态习性: 喜光,稍耐阴,喜温暖、湿润气候,适宜生长温度为 18 ~ 20℃,幼苗耐寒性差。对土壤要求不高,适生于肥沃、疏松、排水良好的土壤,稍耐瘠薄,以排水良好的疏松砂土为佳,不耐积水,在树荫下生长良好。

繁殖方法: 播种繁殖。

观赏特性与应用: 株形优美,四季苍翠,花期较长,花较大且芬芳怡人。在园林中适合丛植、孤植等,株形较小的可作盆花。

红纸扇 *Mussaenda erythrophylla* Schumach. et Thom.

科　属：茜草科玉叶金花属。

别　名：红玉叶金花。

形态特征：常绿或半落叶直立或攀缘状灌木，高1～3 m。叶对生；叶片纸质，披针状椭圆形，长7～9 cm，宽4～5 cm，先端长渐尖，基部渐窄，两面均被稀柔毛；叶脉红色。聚伞花序顶生；花冠五角星形，金黄色；部分花的一枚萼片扩大成叶状，深红色，卵圆形，长3.5～5 cm，先端短尖，被红色柔毛，具5条纵脉。

花果期：花期夏季，果期秋季。

产地与分布：原产于西非，分布于亚洲和非洲的热带地区。在我国分布于西南地区至台湾一带，广西南部有引种栽培。

生态习性：喜高温、湿润气候，不耐寒，适宜生长温度为20～30℃，冬季气温低至10℃时落叶休眠，5～7℃时极易因受冻而干枯死亡，越冬温度最好在15℃以上。喜疏松、肥沃的土壤。

繁殖方法：扦插繁殖。

观赏特性与应用：变态的叶状红色萼片迎风摇曳，衬托着白色小花，甚为美观，花期长。可配植于林下、草坪周围或小庭院内，亦可盆栽盆赏。

粉纸扇 *Mussaenda hybrida* 'Alicia'

科　　属：茜草科玉叶金花属。

别　　名：粉萼金花、粉玉叶金花、粉叶金花。

形态特征：半落叶灌木，高 1 ~ 3 m。幼枝、幼叶密被短柔毛。叶对生；叶片纸质，卵状披针形，长 10 ~ 15 cm，宽 5 ~ 8 cm，先端渐尖，基部楔形，边缘全缘。聚伞花序顶生，每一个花序中均具扩大的粉红色叶状萼片，萼片近圆形，长 4 ~ 8 cm，宽 2 ~ 6 cm；花冠金黄色，高脚碟形，喉部淡红色。

花 果 期：花期 6 ~ 10 月，很少结果。

产地与分布：原产于非洲、亚洲的热带地区。我国长江以南各地有栽培。

生态习性：喜高温，耐热，生长适宜温度为 23 ~ 32℃。耐旱，忌长期积水或排水不良。喜光照充足，在荫蔽处开花不良。栽培土质不拘，以排水良好的土壤或砂壤土为佳。

繁殖方法：扦插繁殖。

观赏特性与应用：叶色翠绿，花姿美，花期长，适应性强，是园林绿化的优良配景植物，亦可盆栽观赏。

六月雪 *Serissa japonica* (Thunb.) Thunb.

科　　属：茜草科白马骨属。

别　　名：满天星、白马骨。

形态特征：常绿或半常绿灌木，高约1 m，有臭气。叶片革质、翠绿鲜亮，卵形至倒披针形，先端短尖至长尖，边缘全缘，无毛；叶柄短。花单生或数朵丛生于小枝顶端或腋生，具边缘浅波状的苞片；花冠淡红色或白色，花冠管比萼檐裂片长；雄蕊伸出冠管喉部外；花柱长，突出。核果球形。

花 果 期：花期5~7月，果期8~9月。

产地与分布：产于我国长江流域及华南、西南一带。我国广西各地有分布。日本、越南等国也有分布。

生态习性：忌强光暴晒，喜温暖气候，稍耐寒，耐旱。以排水良好、肥沃、湿润、疏松的土壤为佳，对环境要求不高，生长力较强。

繁殖方法：扦插繁殖。

观赏特性与应用：枝叶密集，盛开白花，是既可观叶又可观花的优良观赏植物。特别适合制作盆景，也是配植花坛、花境的优良品种。根、茎、叶均可药用，用于防治肝炎、痢疾、肠炎等。

忍冬科

大花六道木 *Abelia × grandiflora* (Andre) Rehd.

科　　属：忍冬科糯米条属。

别　　名：大花糯米条。

形态特征：半常绿灌木，高可达 2 m。幼枝红褐色，被短柔毛；老枝树皮纵裂。叶对生，稀 3 片轮生；叶片圆形至椭圆状卵形，先端急尖或长渐尖，基部圆形或心形，边缘疏生浅齿，腹面暗绿色且有光泽。多数聚伞花序集成圆锥状复花序；花冠漏斗形，白色至粉红色，被短柔毛，5 裂；花萼 4~5 枚，大而宿存，粉红色。

花　果　期：花期 6~11 月。

产地与分布：产于广西桂林市和富川县。在我国长江以南各地广泛分布。

生态习性：较耐寒，喜光，喜温暖、湿润气候。萌蘖能力强，耐修剪。

繁殖方法：播种繁殖、扦插繁殖、分株繁殖、压条繁殖。

观赏特性与应用：花开于枝端，色粉白且繁多，花期极长，花谢后，粉红色萼片宿存至冬季，十分美丽。可孤植、丛植、列植于花坛、花境中，也可作花篱。

白花丹科

蓝花丹 *Plumbago auriculata* Lam.

科　　属：白花丹科白花丹属。

别　　名：蓝雪花、蓝茉莉、花绣球。

形态特征：常绿小灌木，高 1~2 m。单叶互生；叶片薄，短圆形或矩圆状匙形，先端钝而具小凸点，基部楔形，边缘全缘。穗状花序顶生或腋生；苞片比萼片短；花萼被黏质腺毛和细柔毛；花冠淡蓝色，高脚碟形，花冠筒狭而长，顶端 5 裂。蒴果膜质。

花 果 期：花期 6~9 月。

产地与分布：原产于南非。我国广西各地有引种栽培。

生态习性：喜温暖、湿润气候，喜光，稍耐阴，不耐寒，不耐旱。要求富含腐殖质、排水良好的砂壤土。

繁殖方法：播种繁殖、扦插繁殖、分株繁殖。

观赏特性与应用：蓝色花清新淡雅，是极佳的观花灌木。可盆栽于阳台、室内，也常种植于街边、林缘或用于草坪点缀。

紫草科

基及树 *Carmona microphylla* (Lam.) G. Don

科　　属：紫草科基及树属。

别　　名：福建茶、猫仔树。

形态特征：常绿灌木，高 1～3 m。树皮褐色。分枝多且细弱，节间长 1～2 cm。叶在长枝上互生，在短枝上簇生；叶片小，革质，长椭圆形，边缘上部具少数粗圆齿，腹面具短硬毛或斑点，背面近无毛；叶脉在腹面凹陷，在背面隆起。团伞花序；花冠钟形，白色或稍带红色。核果球形，顶端具短喙，熟时红色或黄色。

花　果　期：花期夏季，果期秋季。

产地与分布：分布于台湾、海南、广东西南部、广西，广西各地有栽培。

生态习性：喜半阴，亦耐阴，喜温暖，畏寒，忌烈日暴晒。抗性强，虫病少。发枝多，耐修剪。喜肥沃、湿润的砂土。

繁殖方法：扦插繁殖。

观赏特性与应用：树姿苍劲挺拔，节间短，"才枝三弯"，小叶高雅清秀，耐修剪。既可作盆栽观赏，又可作绿篱，更是制作盆景的绝佳材料。

茄 科

鸳鸯茉莉 *Brunfelsia brasiliensis* (Spreng.) L. B. Smith et Douns

科　　属：茄科鸳鸯茉莉属。

别　　名：番茉莉、双色茉莉。

形态特征：多年生常绿灌木，高约 1 m。单叶互生；叶片矩圆形或椭圆状矩形，先端渐尖，边缘全缘；具短柄。花单生或呈聚伞花序，高脚碟形，初开时淡紫色，随后变淡雪青色，再后变白色；芳香浓郁，开花时长约 1 周。浆果。

花 果 期：花期 4 ~ 10 月。

产地与分布：原产于中美洲、南美洲热带地区，现各地热带地区有引种栽培。我国广西各地有栽培。

生态习性：喜温暖、湿润气候，忌干风，不耐寒，耐高温，但不宜长期烈日照射，忌霜冻，喜光。喜肥沃、湿润、排水良好的酸性土，在黏重土上生长较差，不宜在干旱、贫瘠土壤及碱性土上生长。

繁殖方法：扦插繁殖、压条繁殖。

观赏特性与应用：花香浓郁，可驱蚊；花色艳丽，观赏价值高；萌芽力强，耐修剪。适用于公园、庭院、房前屋后的绿化、美化、香化，也可盆栽于室内观赏。

夜香树 *Cestrum nocturnum* L.

科　　属： 茄科夜香树属。

别　　名： 夜来香、洋素馨。

形态特征： 常绿灌木。枝俯垂，小枝具棱。单叶互生；叶片长圆状卵形或椭圆形，先端渐尖，基部近圆形或宽楔形；具短柄。伞房状聚伞花序顶生或腋生，多花；小花白绿色或淡黄绿色，夜间极香；花冠高脚碟形，5 裂，花冠筒管形，喉部稍缢缩。浆果矩圆形，熟时白色。种子长卵形。

花 果 期： 花期夏秋季，果期冬春季。

产地与分布： 原产于南美洲。我国广东、广西有引种栽培。

生态习性： 喜温暖、向阳和通风良好的环境，忌寒冷。不择土壤，但在肥沃、湿润、疏松的壤土上生长最好。

繁殖方法： 扦插繁殖、播种繁殖。

观赏特性与应用： 株形展开，覆盖性好，叶形秀丽，花形可爱，傍晚开放，香气四溢。可孤植或丛植于花坛、花境、路缘、角隅等处。

木本曼陀罗 *Datura arborea* L.

科　　属： 茄科曼陀罗属。

别　　名： 大花曼陀罗。

形态特征： 常绿半灌木，高约 2 m。茎粗壮，上部分枝。叶片卵状披针形、矩圆形或卵形，先端渐尖或急尖，基部不对称楔形或宽楔形，边缘全缘、微波状或具不规则缺刻状齿，两面均被微柔毛。花单生，俯垂；花冠白色，脉纹绿色，长漏斗形，花冠筒中部以下较细，向上渐扩大成喇叭形。浆果状蒴果。

花　果　期： 花期 6～10 月，果期 7～11 月。

产地与分布： 原产于美洲热带地区。我国广西有栽培。

生态习性： 喜光，喜温暖，忌霜冻，忌涝。对土壤要求较高，喜肥，适生于排水良好的砂土上。

繁殖方法： 播种繁殖、扦插繁殖。

观赏特性与应用： 花朵漂亮、幽香，下垂悬吊如喇叭，观赏价值高。适合孤植或群植于坡地、池边、岩石旁及林缘下观赏，也可作盆栽。虽有毒，但具有一定的药用价值。

枸杞 *Lycium chinense* Mill.

科　　属： 茄科枸杞属。

别　　名： 枸杞菜、山枸杞。

形态特征： 多分枝灌木，高 1～2 m。枝条细弱，弯曲或俯垂，淡灰色，具纵纹；小枝顶端棘刺状，短枝顶端棘刺长可达 2 cm。单叶互生或 2～4 片簇生；叶片卵形、卵状菱形、长椭圆形或卵状披针形，先端尖，基部楔形。花单生或双生于叶腋，淡紫色。浆果卵球形，红色。种子扁肾形，黄色。

花 果 期： 花期 5～9 月，果期 8～11 月。

产地与分布： 分布或栽培于我国各地，西北地区引种栽培最多，广西各地有栽培。

生态习性： 喜光，亦耐半阴。喜肥沃、湿润、疏松的土壤。耐干旱，耐盐碱。

繁殖方法： 扦插繁殖、播种繁殖。

观赏特性与应用： 常作蔬菜或药材，亦作围园材料。果实可药用，即枸杞子，性味甘平，具有滋肝补肾、润肺、益精明目、清热凉血的功效。根系发达，是水土保持的好树种，也是制作观果盆景的绝佳材料。

乳茄 *Solanum mammosum* Linn.

科　　属：茄科茄属。

别　　名：五指茄、牛头茄。

形态特征：亚灌木，常作一年生栽培，高约 1 m。全株具蜡黄色扁刺。叶稀疏，对生。蝎尾状花序外生，常着生于腋芽的外面基部；花蕾略下垂，花瓣紫色；花冠钟形，堇紫色。果呈倒置的梨形，熟时橙黄色至金黄色，基部具 4～6 个乳头状突起。

花 果 期：花期 9～10 月，果期 11 月至翌年 1 月。

产地与分布：原产于中美洲热带地区。我国广西各地有栽培。

生态习性：喜温暖、光线充足、通风良好的环境，不耐寒。喜肥沃、疏松、排水良好、富含有机质的土壤。

繁殖方法：播种繁殖。

观赏特性与应用：果实具有极高的观赏价值，色泽金黄艳丽，为年宵花市常见的观果植物。适合庭院露地栽培或作高级插花材料。此外，还具有消炎止痛、散瘀活血的药效。

珊瑚樱 *Solanum pseudocapsicum* L.

科　　属：茄科茄属。

别　　名：冬珊瑚、吉庆果、珊瑚豆。

形态特征：常绿小灌木，高可达 2 m。全株光滑无毛。叶互生；叶片狭长圆形至披针形，先端尖或钝，基部狭楔并下延成叶柄，边缘全缘或波状。花多单生，腋外生或近对叶生；无总花梗或几乎无总花梗；花小，白色。浆果球形，熟时红色或橙红色。

花 果 期：花期夏秋季，果期秋冬季。

产地与分布：原产于南美洲。我国有分布，广西有栽培。

生态习性：喜光照、温暖，耐高温，在 35℃以上仍无日灼现象，不耐寒，不耐阴，不耐旱，夏季忌雨淋、忌涝。

繁殖方法：播种繁殖。

观赏特性与应用：果色鲜艳，果形美观，是一种常见的观果植物。可盆栽于室内或种植于庭院的花坛及路边观赏。

大花茄 *Solanum wrightii* **Benth.**

科　　属：茄科茄属。

别　　名：木番茄。

形态特征：常绿大灌木或小乔木，高
3～5 m。小枝及叶柄被刚毛、星状分枝的硬
毛及粗而直的皮刺。叶互生，羽状半裂；裂
片不规则卵形或披针形，叶面被刚毛状单毛。
二歧聚伞花序侧生；花大；花冠5裂，蓝紫
色，后渐退至近白色。浆果球形。

花　果　期：花期几乎全年。

产地与分布：原产于巴西及玻利维亚。
我国广东、广西有引种栽培。

生态习性：喜温暖、光照充足、通风良好、湿润的环境，不耐寒。喜肥沃、疏松、排水良好、
富含有机质的土壤，在黏土上生长不良。

繁殖方法：播种繁殖、扦插繁殖。

观赏特性与应用：叶色浓绿，花大淡雅，植株高大。适合孤植于公园、生活小区、庭院及水
岸边观赏。

爵床科

假杜鹃 *Barleria cristata* L.

科　　属：爵床科假杜鹃属。

别　　名：蓝钟花、洋杜鹃。

形态特征：常绿小灌木，高 1～2 m。茎圆柱形，被柔毛，分枝。叶对生；叶片纸质，椭圆形、长椭圆形或卵形，先端急尖，有时具渐尖头，基部楔形并下延，边缘全缘。花密集于短枝上；花冠蓝紫色或白色，2 唇形，花冠管圆筒形，冠檐 5 裂。蒴果长圆形，两端急尖，无毛。

花　果　期：花期 11 月至翌年 3 月，果期冬春季。

产地与分布：产于我国西南地区、华东地区、华南地区等。我国广西桂林、北海、百色等市和天峨、东兰等县有分布。印度、缅甸等国也有分布。

生态习性：喜温暖、湿润及阳光充足的环境，耐热，耐阴，不耐寒。对土壤要求不高，以疏松、排水良好的中性至微酸性壤土为佳。

繁殖方法：播种繁殖、扦插繁殖。

观赏特性与应用：花姿清雅，易栽培，适合种植于绿地、路边、林缘等处观赏，也可用于岩石园、水岸边绿化，极富野趣。

十字爵床 *Crossandra infundibuliformis* Nees

科　　属：爵床科十字爵床属。

别　　名：鸟尾花、半边黄。

形态特征：常绿灌木或半灌木，高 20～40 cm。茎直立，多分枝。叶对生；叶片狭卵形至披针形，基部楔形延长到叶柄，边缘全缘或具波状齿。穗状花序顶生或腋生，被短柔毛；花瓣 5 裂，橙红色及黄色。蒴果长椭球形，具棱，长约 1.5 cm。种子具缝状鳞片。

花 果 期：花期夏秋季。

产地与分布：原产于印度、斯里兰卡。我国广州南沙的百万葵园有引种栽培，广西有分布。

生态习性：喜湿润，耐阴。喜疏松、肥沃及排水良好的中性及微酸性土。

繁殖方法：扦插繁殖、播种繁殖。

观赏特性与应用：花期长，花姿雅致，适合于花坛成簇栽培或盆栽，常种植于花坛或园路两边观赏。

喜花草 *Eranthemum pulchellum* Andrews

科　　属：爵床科喜花草属。

别　　名：可爱花、爱春花。

形态特征：常绿灌木，高 1～2 m。叶对生；叶片椭圆形至卵形，先端渐尖或长渐尖，基部圆形或宽楔形并下延，边缘具不明显的钝齿，两面均无毛；叶脉 10 对，明显。穗状花序顶生或腋生，圆锥形；花冠筒形，深蓝色，先端 5 裂，裂片倒卵形。蒴果圆柱形，具种子 4 粒。

花　果　期：花期秋冬季。

产地与分布：原产于印度，我国南部和西南部有分布，广西各地有分布。

生态习性：喜光，喜温暖、湿润气候，不耐寒。喜疏松、肥沃及排水良好的中性及微酸性土。

繁殖方法：插枝繁殖。

观赏特性与应用：淡雅宜人，盆栽用于室内观赏，也可丛植、片植或列植于路边、林下、水岸边或作林缘地被植物。

虾衣花 *Justicia brandegeeana* **Wassh. et L. B. Smith**

科　　属: 爵床科爵床属。

别　　名: 虾夷花、虾衣草、狐尾木、麒麟吐珠。

形态特征: 常绿亚灌木,高 50～80 cm。全株被茸毛。茎细弱,多分枝。叶对生;叶片卵形或椭圆形,淡绿色,先端尖,边缘全缘。穗状花序顶生,下垂;苞片多而重叠,红色至黄色;花白色,唇形,形似虾。

花　果　期: 花期全年。

产地与分布: 原产于墨西哥。世界各地有栽培。在我国广西分布于南部。

生态习性: 喜温暖、湿润气候,喜光,耐阴,耐旱,不耐寒。喜疏松、肥沃及排水良好的中性及微酸性土。

繁殖方法: 扦插繁殖。

观赏特性与应用: 花序独特,形态可爱,常年开花。适宜盆栽于室内观赏,也可种植于庭院的路边、墙垣边观赏或丛植于花坛、路缘等处配植。

鸡冠爵床 *Odontonema strictum* (Nees) O. Kuntze

科　　属：爵床科鸡冠爵床属。

别　　名：鸡冠红、红苞花、红楼花。

形态特征：多年生常绿小灌木，丛生，高1～4 m。茎自地下伸长，分枝稀少，小枝四棱柱形。叶对生；叶片卵状披针形或卵圆形，先端渐尖，基部楔形，腹面波皱。聚伞花序顶生；花红色；花冠管状二唇形，喉部稍肥大；花梗细长，赤褐色。

花 果 期：花期秋冬季。

产地与分布：原产于中美洲。华南地区广为栽培。我国广西各地有栽培。

生态习性：喜阴、湿润的环境，耐旱。不择土壤，以肥沃的中性或微酸性壤土为佳。

繁殖方法：扦插繁殖。

观赏特性与应用：株形优美，花色艳丽。可盆栽装饰阳台、卧室或书房，也可种植于庭院墙垣边或路边，是一种很好的庭院绿化观赏植物。

金苞花 *Pachystachys lutea* Nees

科　　属：爵床科金苞花属。

别　　名：黄虾花、珊瑚爵床、金包银、金苞虾衣、艳苞花。

形态特征：多年生常绿灌木，高 50～80 cm。多分枝。叶对生；叶片披针形，革质，先端锐尖，腹面皱褶，边缘波浪形，具明显的叶脉。黄色的穗状花序和苞片相互重叠，整个花序像一座金黄色的宝塔或一只虾，十分独特；当新梢出现，顶端就会有新的花序；小花乳白色。

花 果 期：花期春季至秋季。

产地与分布：原产于秘鲁和墨西哥，我国南方普遍栽培，广西各地有引种栽培。

生态习性：喜高温、高湿、阳光充足的环境，较耐阴。喜肥沃、排水良好的腐殖质土或砂土。

繁殖方法：扦插繁殖、单芽繁殖，单芽繁殖效果甚佳。

观赏特性与应用：株丛整齐，花形奇异，花色鲜黄，花期较长，观赏价值高，是优质的盆栽花卉。适用于装饰会场、厅堂、居室及阳台等。

艳芦莉 *Ruellia elegans* Poir.

科　　属：爵床科芦莉草属

别　　名：大花芦莉、红花芦莉。

形态特征：常绿小灌木，高 60 ~ 100 cm。叶对生；叶片椭圆状披针形或卵圆形，绿色，微卷，先端渐尖，基部楔形。花腋生；花冠筒形，5 裂，鲜红色。

花 果 期：花期夏秋季。

产地与分布：原产于巴西，南亚热带地区有分布。我国广西各地有栽培。

生态习性：喜光照充足及湿润的环境，耐热，不耐霜寒，生长适宜温度为 18 ~ 35℃。喜肥沃的微酸性至中性壤土或砂土。

繁殖方法：扦插繁殖。

观赏特性与应用：开花繁多，绿叶红花，极为壮观。适合用于公园、绿地及庭院绿化，是花坛或花境的优良观花植物。

蓝花草 *Ruellia simplex* C. Wright

科　　属：爵床科芦莉草属。

别　　名：翠芦莉、兰花草。

形态特征：常绿小灌木，高 30 ~ 100 cm。茎方形，具沟槽。单叶对生；叶片线状披针形，边缘全缘或具疏齿。花腋生；花冠漏斗形，蓝紫色。蒴果熟时褐色。

花 果 期：花期春季至秋季，果期夏秋季。

产地与分布：原产于墨西哥。我国西南南部及华南地区、华东南部有分布，广西各地有栽培。

生态习性：喜光，喜温暖、湿润气候。对土壤要求不高。

繁殖方法：播种繁殖、扦插繁殖、分株繁殖。

观赏特性与应用：习性强健，生长快，花色淡雅。适合丛植或列植于庭院、公园、绿地等处观赏，也适合种植于花坛、花台或花境观赏。

金脉爵床 *Sanchezia speciosa* J. Leonard

科　　属：爵床科黄脉爵床属。

别　　名：黄脉爵床、金脉单药花。

形态特征：常绿灌木，高 1~2 m。茎直立，橙黄色。叶对生；叶片长椭圆形，先端渐尖或尾尖，边缘齿状或波状，深绿色；叶脉明显，主脉黄色，侧脉乳白色至淡黄色。穗状花序顶生；苞片橙红色；花黄色，管形。

花　果　期：花期春夏季。

产地与分布：原产于南美洲热带地区。华南地区常见栽培。我国广西各地有栽培。

生态习性：喜温暖、湿润和半阴的环境，不耐寒，适宜温度为 20~32℃。要求疏松、排水良好的土壤。

繁殖方法：扦插繁殖。

观赏特性与应用：叶脉金黄，色泽鲜艳，宜作观叶盆栽，摆放在室内观赏，也可植于庭院、路边、山石旁、水岸边观赏。

直立山牵牛 *Thunbergia erecta* (Benth.) T. Anders

科　　属: 爵床科山牵牛属。

别　　名: 硬枝老鸭嘴、蓝吊钟、立鹤花。

形态特征: 直立常绿灌木,高 1～2 m。茎四棱柱形,多分枝,初被稀疏柔毛,不久脱落无毛,仅节处叶腋的分枝基部被黄褐色柔毛。叶对生;叶片近革质,卵形至长卵形,先端渐尖,基部楔形至圆形,边缘具波状齿或不明显 3 裂。花单生于叶腋;花冠斜喇叭形,蓝紫色,喉管部黄色。蒴果无毛,圆锥形。

花　果　期: 花期全年。

产地与分布: 原产于西非热带地区。我国有引种栽培,广西各地有分布。

生态习性: 喜肥沃、排水良好的微酸性砂壤土。耐旱,也喜湿润。

繁殖方法: 扦插繁殖、分株繁殖。

观赏特性与应用: 花期长,适合片植于庭院、公园等处,也可盆栽装饰阳台、阶前等光线充足的地方。

马鞭草科

大叶紫珠 *Callicarpa macrophylla* Vahl.

科　　属： 马鞭草科紫珠属。

别　　名： 羊耳朵、止血草、赶风紫、贼子叶。

形态特征： 灌木或小乔木，高 3 ~ 5 m。小枝近四方形。小枝、叶柄、花序密生灰白色粗糠状分支茸毛。叶片长椭圆形、卵状椭圆形或长椭圆状披针形，先端短渐尖，基部钝圆或宽楔形，边缘具细齿，腹面被短毛，背面密生灰白色分支茸毛，腺点隐藏于茸毛中；侧脉 8 ~ 14 对；叶柄粗。聚伞花序 5 ~ 7 回分枝，花序梗粗壮；花萼杯状，长约 1 mm，萼齿不明显或钝三角形；花冠紫色，疏生星状毛。果球形，具腺点且被微毛。

花　果　期： 花期 4 ~ 7 月，果期 7 ~ 12 月。

产地与分布： 产于我国广西各地。分布于我国广东、贵州、云南等省。尼泊尔、印度、缅甸、泰国、越南等国也有分布。

生态习性： 喜温暖湿润气候，对土壤要求不严。生于海拔 100 ~ 2000 m 的疏林下和灌木丛中。

繁殖方法： 播种繁殖、扦插繁殖。

观赏特性与应用： 株形秀丽，花色绚丽，果实色彩鲜艳，珠圆玉润，是一种既可观花又能赏果的优良花卉品种，常用于园林绿化或种于庭院，也可盆栽观赏。果穗可剪下瓶插或作切花材料。兼具观赏价值与药用价值。

臭牡丹 *Clerodendrum bungei* Steud.

科　　属：马鞭草科大青属。

别　　名：大红袍、臭树、臭八宝。

形态特征：落叶灌木，高 1～2 m。嫩枝稍被柔毛，枝内白色，髓坚实。叶片广卵形，先端尖，基部心形，边缘具粗齿或近全缘，腹面绿色而粗糙，被短毛，背面淡绿色，具腺点，沿叶脉上被短柔毛，有强烈臭气。密集的头状聚伞花序顶生；花蔷薇红色，芳香；花萼漏斗形，上端 5 裂，外面密被短毛和腺点；花冠下部合生成细筒形，淡红色、红色或紫色；雄蕊 4 枚；子房上位，卵圆形。浆果近球形，蓝紫色。

花 果 期：花期 7～8 月，果期 9～10 月。

产地与分布：产于我国广西兴安、龙胜、金秀、南丹、凌云、隆林等县。分布于我国华北地区、西北地区、西南地区以及江苏、安徽、江西、湖南、湖北等省。印度、越南、马来西亚等国也有分布。

生态习性：喜阳，喜温暖、湿润气候。对土壤要求不高，但以湿润、肥沃的腐叶土为佳。

繁殖方法：播种繁殖、分株繁殖、根插繁殖。

观赏特性与应用：适应性强，枝叶繁茂，花形优美，花期长，兼具观赏价值与药用价值。常种植于庭院或公园，适合在坡地和树丛旁作地被植物，可以护坡和保持水土。

赪桐 *Clerodendrum japonicum* (Thunb.) Sweet

科　　属：马鞭草科大青属。

别　　名：贞桐花、朱桐、红顶风、状元红。

形态特征：多年生常绿或落叶灌木，高 1～2 m。全株近光滑。叶对生；叶片宽卵形，纸质，先端尖或渐尖，基部心形，边缘具细齿，背面具黄色腺点；叶柄特长，长约为叶片长的 2 倍。大型聚伞圆锥花序顶生，向一侧偏斜；花小，但花丝长；花萼、花冠、花梗均为鲜艳的深红色。果球形，蓝紫色。

花 果 期：花期 5～7 月，果期 9～10 月。

产地与分布：原产于江苏、浙江、江西、湖南、福建、台湾、广东、广西、四川、贵州等省（自治区）。广西南宁、百色、贺州、河池等市和鹿寨、三江、临桂、兴安、陆川、北流、宁明、龙州、大新、凭祥等县（区、市）有分布。

生态习性：喜高温、高湿气候，在气温较低的地区落叶，在华南地区常绿。喜光，不耐阴，较耐水湿，不耐干旱。喜肥沃、湿润的土壤。

繁殖方法：扦插繁殖、分株繁殖、播种繁殖。

观赏特性与应用：花色鲜艳，花期长。适于园林栽植。根与花可药用，具有祛风去湿，清肝肺，治痔疮、疝气等功效。

烟火树 *Clerodendrum quadriloculare* **(Blanco) Merr.**

科　　属：马鞭草科大青属。

别　　名：星烁山茉莉。

形态特征：常绿灌木，高可达4 m。幼枝方形，墨绿色。叶对生；叶片长椭圆形，先端尖，边缘全缘或齿状、波状，背面暗紫红色。聚伞状圆锥花序顶生；小花多数，白色，5裂，外卷成半圆形。浆果状核果椭球形，紫色。

花　果　期：花期冬季至春季。

产地与分布：原产于菲律宾及太平洋群岛等。我国有零星分布，广西各地有引种栽培。

生态习性：喜温暖、湿润气候，不耐寒，稍耐干旱与瘠薄。

繁殖方法：分蘖繁殖、播种繁殖、扦插繁殖。

观赏特性与应用：株形展开，叶片大、双色，花序大而美观，兼具观赏价值与药用价值，是优良的庭院和园林绿化树。

蓝蝴蝶 *Clerodendrum ugandense* (Hochst.) Steane et Mabb.

科　　属：马鞭草科大青属。

别　　名：乌干达赪桐、紫蝴蝶、紫蝶花。

形态特征：常绿灌木，高 50 ~ 120 cm。叶对生；叶片倒卵形至倒披针形，先端尖或钝圆，叶片上半部具疏齿。杯状花萼 5 裂，裂片圆形，边缘带紫色；花冠蓝白色，唇瓣紫蓝色；具 4 条细长且向前伸出的弯曲花丝，紫色或白色。

花　果　期：花期春夏季。

产地与分布：原产于非洲热带地区。我国西南南部、华南南部及华东南部有栽培，广西南部有栽培。

生态习性：喜高温、湿润气候，适宜生长温度为 23 ~ 32℃。喜砂土，要求排水性好。

繁殖方法：播种繁殖、扦插繁殖。

观赏特性与应用：花形优美独特，花色淡雅，花冠蓝白色，唇瓣蓝紫色。适种植于庭院、园林或绿地，也可盆栽观赏。

假连翘 *Duranta erecta* L.

科　　属：马鞭草科假连翘属。

别　　名：金露花、篱笆树。

形态特征：常绿灌木，高 1.5 ~ 3 m。茎多分枝，不直立，半攀缘状，具皮刺或无刺。叶对生，稀轮生；叶片卵状椭圆形或卵状披针形，边缘具齿。总状花序顶生或腋生；花冠蓝紫色或白色，5 裂。核果球形，熟时橙黄色。

花 果 期：花期 4 ~ 12 月。

产地与分布：原产于中南美洲热带地区。我国广西各地有栽培。

生态习性：喜高温、高湿的环境，不耐寒，不耐旱，遇霜或干旱易落叶，严重时全株枯死。喜光，亦耐半阴。

繁殖方法：扦插繁殖。

观赏特性与应用：株形展开，枝条细长，花序美观，花色素雅，花期长。常种植于路边、墙边观赏，也常修成绿篱。果可药用，用于治疗疟疾，叶捣烂可敷治痈肿。

金叶假连翘 *Duranta erecta* 'Golden Leaves'

科　　属：马鞭草科假连翘属。

别　　名：黄金叶。

形态特征：常绿灌木，高 20 ~ 60 cm。枝下垂或平展。叶对生；叶片长卵圆形、卵椭圆形或倒卵形，纸质，先端短尖或钝，基部楔形，边缘全缘或中部以上具粗齿；新叶金黄色，老叶绿色。总状花序圆锥形；花蓝色或淡蓝紫色。核果球形，熟时橙黄色，有光泽。

花　果　期：花期 5 ~ 11 月，果期秋季至翌年春季。

产地与分布：原产于墨西哥至巴西。我国华南和西南部分地区有引种栽培，广西有栽培。

生态习性：喜高温，具有一定的抗寒性，忌霜冻；喜光照充足的环境，也可忍耐一定的荫蔽。耐水湿，不耐干旱。在疏松、肥沃、腐殖质丰富、排水良好的土上生长良好，忌黏重土。

繁殖方法：播种繁殖、扦插繁殖。

观赏特性与应用：分枝紧密，金色叶，紫色花，黄色果，具有极高的观赏价值。可作庭院绿化或盆栽；耐修剪，是良好的绿篱树。

花叶假连翘 *Duranta erecta* 'Variegata'

科　　属：马鞭草科假连翘属。

形态特征：常绿灌木，高 20～60 cm。枝下垂或平展。叶对生；叶片近三角形，纸质，先端短尖或钝，基部楔形，边缘全缘或中部以上具粗齿，边缘具黄白色条纹。总状花序圆锥形，花蓝色或淡蓝紫色。核果球形，熟时橙黄色，有光泽。

花　果　期：花期 5～11 月，果期秋季至翌年春季。

产地与分布：原产于美洲热带地区。我国南部常见引种栽培，广西有栽培。

生态习性：喜高温，不耐旱，喜强光，耐半阴。喜肥沃、湿润、排水良好、富含有机质的土壤，在黏重及贫瘠干旱的土壤中长势不良。

繁殖方法：扦插繁殖、播种繁殖。

观赏特性与应用：花期长，花艳丽，可作花坛配植植物。生长快，耐修剪，可修剪成各种几何图形作绿篱。

冬红 *Holmskioldia sanguinea* Retz.

科　　属： 马鞭草科冬红属。

别　　名： 阳伞花、帽子花。

形态特征： 常绿灌木，高 3 ~ 10 m。小枝四棱形，具 4 条槽，被毛。叶对生，膜质；叶片卵形或宽卵形，基部圆形或近平截，边缘具齿，两面均具稀疏毛及腺点，沿叶脉的毛较密。聚伞花序常 2 ~ 6 个再组成圆锥花序，每个聚伞花序具 3 朵花；花梗及花序梗被短腺毛及长单毛；花萼朱红色或橙红色，花冠橙红色。果倒卵形。

花　果　期： 花期春夏季，果期秋冬季。

产地与分布： 原产于喜马拉雅地区。我国广东、广西、台湾等省（自治区）有栽培。

生态习性： 喜光，喜温热，生长适宜温度为 23 ~ 32℃，冬季忌潮湿，干旱有利于开花。喜排水良好的肥沃壤土。

繁殖方法： 播种繁殖、扦插繁殖。

观赏特性与应用： 花顶生，花萼伞形，花冠喇叭形，橙红色，盛开时鲜艳夺目。适种于公园、绿地、坡地等处观赏，亦常盆栽观赏，用于点缀窗台和庭院。

马缨丹 *Lantana camara* **Linn.**

科　　属：马鞭草科马缨丹属。

别　　名：五色梅、臭草、如意草。

形态特征：常绿小灌木，高 1～2 m。茎枝均四棱形，被粗毛，常具短的倒钩状皮刺。单叶对生；叶片卵形至卵状长圆形，先端渐尖，基部圆形，两面均被糙毛，揉烂后有强烈气味。头状花序腋生于枝顶上部；花冠筒细长，顶端 5 裂，形如梅花；花冠颜色多变，有黄色、橙黄色、粉红色、深红色、紫蓝色。浆果球形，熟时紫黑色。

花 果 期：花期全年。

产地与分布：原产于美洲热带地区。分布于我国南方地区。我国广西各地有分布。

生态习性：喜高温，耐湿热，亦较耐干热，抗寒性较弱，可忍受轻霜，忌冰霜。喜光照，半耐阴。不择土壤，耐贫瘠。

繁殖方法：扦插繁殖、压条繁殖、播种繁殖。

观赏特性与应用：花朵色彩斑斓，耐修剪，适于工厂、矿区、水土流失严重的区域及公园花篱、花丛、水滨护岸种植。

蔓马缨丹 *Lantana montevidensis* Briq.

科　　属：马鞭草科马缨丹属。

别　　名：小叶马缨丹。

形态特征：常绿蔓性小灌木，高 0.7 ~ 1 m。枝下垂，被柔毛。叶片卵形，先端尖，基部突然变狭，边缘具粗齿。头状花序具长总花梗；花淡紫红色；苞片阔卵形，长不超过花冠管的中部。果球形。

花 果 期：花期全年。

产地与分布：原产于美洲热带地区。我国华南地区、西南地区有栽培。我国广西各地有栽培。

生态习性：喜光照充足、温暖、湿润的环境。对土壤要求不高，但肥沃、透气性强的砂土更利于其生长。

繁殖方法：扦插繁殖、播种繁殖。

观赏特性与应用：花紫红色，花期长，色彩雅致。可单独盆栽观赏，亦适用于路边、池畔、坡地等处的绿化。

百合科

朱蕉 *Cordyline fruticosa* (Linn) A. Chevalier

科　　属：百合科朱蕉属。

别　　名：红铁树、红叶铁树、铁莲草、朱竹、铁树、也门铁。

形态特征：常绿灌木，高 1～3 m。叶聚生于茎顶，2 列；叶片绿色或紫红色，披针状椭圆形或长圆形，长 30～60 cm，宽 5～10 cm，基部渐窄成柄；叶柄长 10～16 cm，腹面具槽，基部抱茎。圆锥花序生于茎上部叶腋，长 20～60 cm，多分枝；花序轴上部的苞片条状披针形，下部的苞片长可达 10 cm，分枝上的苞片卵形，长约 3 mm；花淡红色、青紫色至黄色，长 0.8～1.0 cm，花梗长 2～5 mm；外轮花被片下半部紧贴内轮而形成花被筒，上半部在盛开时外弯或反折。浆果球形，具 1 粒种子。

花　果　期：花期 11 月至翌年 3 月。

产地与分布：福建、广东、广西、台湾等省（自治区）常见栽培。广西各地有栽培。

生态习性：喜温暖、湿润气候，稍耐阴，不耐寒。要求排水良好的砂土。

繁殖方法：扦插繁殖。

观赏特性与应用：株形挺拔展开，叶形秀丽，叶色翠绿。可丛植或列植于路缘、林缘，也可盆栽于室内观赏。

也门铁 *Dracaena arborea* (Willd.) Hort. Angl. ex Link

科　　属：百合科龙血树属。

别　　名：也门铁树。

形态特征：常绿小乔木或灌木，高约 2 m。叶片宽条形，深绿色，有光泽；无柄。伞形花序；花小，黄绿色。

花　果　期：花期 6～8 月。

产地与分布：原产于也门，热带雨林地区有分布。我国广西各地有栽培。

生态习性：喜湿润，耐半阴。不择土壤。

繁殖方法：扦插繁殖、分株繁殖。

观赏特性与应用：株形美观，习性强健，是优良的观叶植物。可盆栽于居室、厅堂观赏。

香龙血树　*Dracaena fragrans* (L.) Ker Gawl.

科　　属：百合科龙血树属。

别　　名：巴西铁。

形态特征：常绿小乔木或灌木，高可达4 m。树皮灰褐色或淡褐色，皮状剥落。树干直立，有时分枝。叶聚生于茎上部；叶片宽线形、长椭圆状披针形，边缘波状起伏，先端尖，绿色，有光泽；无柄。穗状花序黄绿色，芳香。

花 果 期：花期初春。

产地与分布：原产于非洲南部。我国广西各地有栽培。

生态习性：喜光照，耐半阴。喜疏松、排水良好的砂壤土。

繁殖方法：扦插繁殖。

观赏特性与应用：株形美观，叶色翠绿，是常见的观叶植物。可盆栽于厅堂观赏。

红边龙血树 *Dracaena marginata* Hort.

科　　属：百合科龙血树属。

别　　名：红边竹蕉。

形态特征：常绿灌木，高 1 ~ 3 m。茎单干直立，少分枝。叶片细长，长 30 ~ 40 cm；新叶向上生长，老叶下垂；叶中间绿色，边缘具紫红色或鲜红色条纹。

产地与分布：原产于马达加斯加。我国引种栽培，在广西多分布于南部。

生态习性：喜高温、多湿气候，不耐寒，属半阴植物，要求富含腐殖质、排水良好的酸性土。

繁殖方法：扦插繁殖、分株繁殖。

观赏特性与应用：色彩明快、观赏性极好。适合丛植或片植于庭院、公园的亭旁、墙隅等，也可盆栽于室内观赏。

百合竹 *Dracaena reflexa* Lam.

科　　属： 百合科龙血树属。

别　　名： 曲叶龙血树。

形态特征： 常绿灌木，高可达 9 m。节间短，叶密集；叶片剑状披针形，无柄，革质，有光泽，边缘全缘。花序单生或分枝，小花白色。

花　果　期： 花期春季。

产地与分布： 原产于马达加斯加。我国引种栽培，在广西多分布于南部。

生态习性： 喜光照，耐阴，耐旱，耐湿，不耐寒。以富含有机质的砂壤土为佳。

繁殖方法： 扦插繁殖。

观赏特性与应用： 耐阴性强，是常见的观叶植物。适合丛植于庭院、公园等，也可盆栽于室内观赏。

富贵竹 *Dracaena sanderiana* Mast

科　　属： 百合科龙血树属。

别　　名： 仙达龙血树、万年竹。

形态特征： 常绿亚灌木，高约 1 m。植株细长，直立，上部具分枝。根茎横走，结节状。叶互生或近对生；叶片纸质，长披针形，具短柄，浓绿色。伞形花序具 3～10 朵花，生于叶腋或与上部叶对生；花冠钟形，紫色。浆果近球形，黑色。

产地与分布： 原产于加利群岛及非洲和亚洲热带地区。我国引进栽培，在广西多分布于南部。

生态习性： 喜高温、高湿，耐阴，耐涝，耐肥力强。喜疏松、排水良好、富含腐殖质的土壤。

繁殖方法： 扦插繁殖、分株繁殖。

观赏特性与应用： 茎挺拔，耐阴，是很好的观叶植物。可用于公园、庭院墙边等绿化，也可盆栽于室内观赏或作切花。

棕榈科

袖珍椰子 *Chamaedorea elegans* Mart.

科　　属：棕榈科袖珍椰子属。

别　　名：矮生椰子、矮棕。

形态特征：常绿小灌木，高 1～2 m。茎直立，不分枝。叶丛生于枝顶，羽状全裂；裂片披针形，互生，深绿色。肉穗花序腋生，雌雄异株；花黄色，小球形。浆果橙黄色。

花 果 期：花期春季。

产地与分布：原产于墨西哥北部和危地马拉。我国广西各地有栽培。

生态习性：喜温暖、湿润的气候，耐半阴，不耐寒。喜疏松、肥沃、排水良好的壤土。

繁殖方法：播种繁殖。

观赏特性与应用：株形小巧，叶形美观，叶色浓绿，是优良的观叶植物。多盆栽于室内观赏。

散尾葵 *Dypsis lutescens* (H. Wendl.) Beentje et J. Dransf.

科　　属：棕榈科散尾葵属。

别　　名：黄椰子。

形态特征：常绿丛生灌木，高 2 ~ 5 m。茎直径 4 ~ 5 cm，基部略膨大，秆光滑，黄绿色，幼时被蜡粉，节环明显。羽状复叶，全裂；叶柄及叶轴光滑，黄绿色。圆锥花序生于叶鞘之下，多分枝，雌雄同株；花小。果长圆状椭球形，鲜时土黄色，干时紫黑色，外果皮光滑，中果皮具网状纤维。种子略倒卵形，胚侧生。

花　果　期：花期 5 月，果期 8 月。

产地与分布：原产于马达加斯加。我国南方常见栽培。在我国广西，柳州以南各地有栽培。

生态习性：喜温暖、湿润的气候，不耐寒，稍耐旱，不耐积水。以疏松、肥沃、排水良好的土为佳。

繁殖方法：播种繁殖、分株繁殖。

观赏特性与应用：株形优美，叶形秀丽，四季常青。可孤植、对植、列植、丛植或群植于花坛、花境、建筑物周围，也可盆栽于室内观赏。

棕竹 *Rhapis excelsa* (Thunb.) Henry ex Rehd.

科　　属：棕榈科棕竹属。

别　　名：筋斗竹、虎散竹。

形态特征：丛生灌木，高 2 ~ 3 m。茎圆柱形，具节。叶掌状深裂，裂片4 ~ 10 枚；裂片宽线形或线状椭圆形，先端宽，截形，具多对稍深裂的小裂片，边缘具齿；叶柄被毛。花冠 3 裂。果倒卵球形。种子球形。

花 果 期：花期 6 ~ 7 月，果期10 ~ 11 月。

产地与分布：产于东南亚。我国南部至西南部有分布。我国广西南宁市和鹿寨、天峨、凌云、扶绥等县有栽培。

生态习性：喜温暖、湿润、半阴、通风的环境。喜富含腐殖质、疏松、湿润的砂壤土。

繁殖方法：播种繁殖、分株繁殖。

观赏特性与应用：株形优美，姿态秀雅，四季常青，是优良的观叶植物。可栽植于庭院或公园，也可盆栽于室内观赏。

多裂棕竹 *Rhapis multifida* **Burret**

科　　属：棕榈科棕竹属。

别　　名：细叶棕竹、金山棕。

形态特征：常绿丛生灌木，高 2 ~ 3 m。叶掌状深裂，扇形；裂片 25 ~ 32 枚，线状披针形，长 28 ~ 36 cm，宽 1.5 ~ 1.8 cm，边缘及肋脉上具细齿。花序二回分枝，长 40 ~ 50 cm；花序梗上的佛焰苞 2 枚，长约 13 cm。果球形，熟时黄色至黄褐色，外果皮稍具小颗粒。种子略半球形。

花 果 期：花期 5 ~ 6 月，果期 11 月。

产地与分布：产于广西环江、那坡、乐业等县。分布于云南、广西等省（自治区）。

生态习性：喜光，耐半阴，喜温暖、湿润的环境，不耐寒。

繁殖方法：播种繁殖、分株繁殖。

观赏特性与应用：株形挺拔，叶形秀丽。可孤植、对植、列植、丛植于花坛、花境、路缘等，也可盆栽于室内观赏。

露兜树科

露兜树 *Pandanus tectorius* Sol.

科　　属：露兜树科露兜树属。

别　　名：露兜簕、林投。

形态特征：常绿分枝灌木或小乔木，常左右扭曲。叶簇生于枝顶，紧密螺旋状排列；叶片条形，长约 80 cm，宽约 4 cm，先端渐狭成长尾尖，边缘和背面中脉均具粗壮锐刺。佛焰苞多枚，乳白色。聚花果大，向下悬垂，由 40 ~ 80 个核果束组成，球形或长圆形；幼时绿色，熟时橘红色。

花 果 期：花期 1 ~ 5 月。

产地与分布：产于广西南部。分布于广西、福建、台湾、广东、海南、贵州、云南等省（自治区）。

生态习性：喜光，喜高温、湿润的气候，耐旱，惧霜冻。

繁殖方法：播种繁殖、分株繁殖。

观赏特性与应用：株形挺拔，叶螺旋排列，果实大且美观。可孤植、对植、列植、丛植或群植于花坛、花境、路缘等，也可盆栽于室内观赏。

扇叶露兜树 *Pandanus utilis* Borg.

科　　属：露兜树科露兜树属。

别　　名：红刺林投、红刺露兜。

形态特征：常绿灌木或小乔木，高 4 ~ 5 m。叶螺旋生长；叶片披针形，革质，边缘具刺，红色。花单性，雌雄异株，芳香。聚花果球形或长圆形。

花 果 期：花期 1 ~ 5 月。

产地与分布：原产于马达加斯加。全世界亚热带和热带地区有栽培。

生态习性：喜光，喜高温、湿润的气候，耐半阴。不择土壤。

繁殖方法：播种繁殖、分株繁殖。

观赏特性与应用：株形挺拔，叶螺旋排列，果实大且美观。可孤植、对植、列植、丛植或群植于花坛、花境、路缘等，也可盆栽于室内观赏。

中文名索引

拉丁名索引